全国科学技术名词审定委员会

公 布

科学技术名词·工程技术卷（全藏版）

40

土 木 工 程 名 词

CHINESE TERMS IN CIVIL ENGINEERING

土木工程名词审定委员会

国家自然科学基金资助项目

科 学 出 版 社

北 京

内 容 简 介

　　本书是全国科学技术名词审定委员会审定公布的土木工程基本名词。全书分工程材料、工程力学、土力学与地基基础、结构工程、建筑结构、桥梁工程、城市道路工程、铁路工程、隧道与地下工程、港口工程、给水与排水工程、燃气与供热、工程施工、勘察与测量、检测、地震工程与防震工程等 16 部分，共 3 828 条。这些名词是科研、教学、生产、经营以及新闻出版等部门应遵照使用的土木工程规范名词。

图书在版编目 (CIP) 数据

科学技术名词. 工程技术卷：全藏版 / 全国科学技术名词审定委员会审定.
—北京：科学出版社，2016.01
　ISBN 978-7-03-046873-4

　I. ①科…　II. ①全…　III. ①科学技术–名词术语 ②工程技术–名词术语
IV. ①N-61 ②TB-61

　中国版本图书馆 CIP 数据核字 (2015) 第 307218 号

责任编辑：邬　江 / 责任校对：陈玉凤
责任印制：张　伟 / 封面设计：铭轩堂

科学出版社 出版
北京东黄城根北街 16 号
邮政编码：100717
http://www.sciencep.com
北京厚诚则铭印刷科技有限公司印刷
科学出版社发行　各地新华书店经销
*
2016 年 1 月第 一 版　　开本：787×1092 1/16
2016 年 1 月第一次印刷　　印张：15 3/4
字数：473 000
定价：7800.00 元 (全 44 册)

全国科学技术名词审定委员会
第四届委员会委员名单

特邀顾问：吴阶平　　钱伟长　　朱光亚　　许嘉璐
主　　任：路甬祥
副 主 任（按姓氏笔画为序）：

于永湛　　马　阳　　王景川　　朱作言　　江蓝生　　李宇明
汪继祥　　张尧学　　张先恩　　金德龙　　宣　湘　　章　综
潘书祥

委　　员（按姓氏笔画为序）：

马大猷　　王　夔　　王大珩　　王之烈　　王永炎　　王国政
王树岐　　王祖望　　王铁琨　　王窝骧　　韦　弦　　方开泰
卢鉴章　　叶笃正　　田在艺　　冯志伟　　师昌绪　　朱照宣
仲增墉　　华茂昆　　刘　民　　刘瑞玉　　祁国荣　　许　平
孙家栋　　孙敬三　　孙儒泳　　苏国辉　　李行健　　李启斌
李星学　　李保国　　李焯芬　　李德仁　　杨　凯　　吴　奇
吴凤鸣　　吴志良　　吴希曾　　吴钟灵　　汪成为　　沈国舫
沈家祥　　宋大祥　　宋天虎　　张　伟　　张　耀　　张广学
张光斗　　张爱民　　张增顺　　陆大道　　陆建勋　　陈太一
陈运泰　　陈家才　　阿里木·哈沙尼　　范少光　　范维唐
林玉乃　　季文美　　周孝信　　周明煜　　周定国　　赵寿元
赵凯华　　姚伟彬　　贺寿伦　　顾红雅　　徐　僖　　徐正中
徐永华　　徐乾清　　翁心植　　席泽宗　　黄玉山　　黄昭厚
康景利　　章　申　　梁战平　　葛锡锐　　董　琨　　韩布新
粟武宾　　程光胜　　程裕淇　　傅永和　　鲁绍曾　　蓝　天
雷霆洲　　褚善元　　樊　静　　薛永兴

土木工程名词审定委员会委员名单

卢 嘉 锡 序

科技名词伴随科学技术而生,犹如人之诞生其名也随之产生一样。科技名词反映着科学研究的成果,带有时代的信息,铭刻着文化观念,是人类科学知识在语言中的结晶。作为科技交流和知识传播的载体,科技名词在科技发展和社会进步中起着重要作用。

在长期的社会实践中,人们认识到科技名词的统一和规范化是一个国家和民族发展科学技术的重要的基础性工作,是实现科技现代化的一项支撑性的系统工程。没有这样一个系统的规范化的支撑条件,科学技术的协调发展将遇到极大的困难。试想,假如在天文学领域没有关于各类天体的统一命名,那么,人们在浩瀚的宇宙当中,看到的只能是无序的混乱,很难找到科学的规律。如是,天文学就很难发展。其他学科也是这样。

古往今来,名词工作一直受到人们的重视。严济慈先生60多年前说过,"凡百工作,首重定名;每举其名,即知其事"。这句话反映了我国学术界长期以来对名词统一工作的认识和做法。古代的孔子曾说"名不正则言不顺",指出了名实相副的必要性。荀子也曾说"名有固善,径易而不拂,谓之善名",意为名有完善之名,平易好懂而不被人误解之名,可以说是好名。他的"正名篇"即是专门论述名词术语命名问题的。近代的严复则有"一名之立,旬月踟蹰"之说。可见在这些有学问的人眼里,"定名"不是一件随便的事情。任何一门科学都包含很多事实、思想和专业名词,科学思想是由科学事实和专业名词构成的。如果表达科学思想的专业名词不正确,那么科学事实也就难以令人相信了。

科技名词的统一和规范化标志着一个国家科技发展的水平。我国历来重视名词的统一与规范工作。从清朝末年的科学名词编订馆,到1932年成立的国立编译馆,以及新中国成立之初的学术名词统一工作委员会,直至1985年成立的全国自然科学名词审定委员会(现已改名为全国科学技术名词审定委员会,简称全国名词委),其使命和职责都是相同的,都是审定和公布规范名词的权威性机构。现在,参与全国名词委领导工作的单位有中国科学院、科学技术部、教育部、中国科学技术协会、国家自然科学基金委员会、新闻出版署、国家质量技术监督局、国家广播电影电视总局、国家知识产权局和国家语言文字工作委员会,这些部委各自选派了有关领导干部担任全国名词委的领导,有力地推动科技名词的统一和推广应用工作。

全国名词委成立以后,我国的科技名词统一工作进入了一个新的阶段。在第一任主任委员钱三强同志的组织带领下,经过广大专家的艰苦努力,名词规范和统一工作取得了显著的成绩。1992年三强同志不幸谢世。我接任后,继续推动和开展这项工作。在国家和有关部门的支持及广大专家学者的努力下,全国名词委15年来按学科共组建了 50 多个学科的名词审定分委员会,有 1800 多位专家、学者参加名词审定工作,还有更多的专家、学者参加书面审查和座谈讨论等,形成的科技名词工作队伍规模之大、水平层次之高前所未有。15 年间共审定公布了包括理、工、农、医及交叉学科等各学科领域的名词共计 50 多种。而且,对名词加注定义的工作经试点后业已逐渐展开。另外,遵照术语学理论,根据汉语汉字特点,结合科技名词审定工作实践,全国名词委制定并逐步完善了一套名词审定工作的原则与方法。可以说,在 20 世纪的最后 15 年中,我国基本上建立起了比较完整的科技名词体系,为我国科技名词的规范和统一奠定了良好的基础,对我国科研、教学和学术交流起到了很好的作用。

在科技名词审定工作中,全国名词委密切结合科技发展和国民经济建设的需要,及时调整工作方针和任务,拓展新的学科领域开展名词审定工作,以更好地为社会服务、为国民经济建设服务。近些年来,又对科技新词的定名和海峡两岸科技名词对照统一工作给予了特别的重视。科技新词的审定和发布试用工作已取得了初步成效,显示了名词统一工作的活力,跟上了科技发展的步伐,起到了引导社会的作用。两岸科技名词对照统一工作是一项有利于祖国统一大业的基础性工作。全国名词委作为我国专门从事科技名词统一的机构,始终把此项工作视为自己责无旁贷的历史性任务。通过这些年的积极努力,我们已经取得了可喜的成绩。做好这项工作,必将对弘扬民族文化,促进两岸科教、文化、经贸的交流与发展作出历史性的贡献。

科技名词浩如烟海,门类繁多,规范和统一科技名词是一项相当繁重而复杂的长期工作。在科技名词审定工作中既要注意同国际上的名词命名原则与方法相衔接,又要依据和发挥博大精深的汉语文化,按照科技的概念和内涵,创造和规范出符合科技规律和汉语文字结构特点的科技名词。因而,这又是一项艰苦细致的工作。广大专家学者字斟句酌,精益求精,以高度的社会责任感和敬业精神投身于这项事业。可以说,全国名词委公布的名词是广大专家学者心血的结晶。这里,我代表全国名词委,向所有参与这项工作的专家学者们致以崇高的敬意和衷心的感谢!

审定和统一科技名词是为了推广应用。要使全国名词委众多专家多年的劳动成果——规范名词——成为社会各界及每位公民自觉遵守的规范,需要全社会的理解和支持。国务院和 4 个有关部委[国家科委(今科学技术部)、中国科学院、国家教委(今教育部)和新闻出版署]已分别于 1987 年和 1990 年行文全国,要求全国各科研、教学、生产、经营以及新闻出版等单位遵照使用全国名词委审定公布的名词。希望社会各界自觉认真地执行,共同做好这项对于科技发展、社会进步和国家统一极为重要的基础工作,为振兴中华而努力。

值此全国名词委成立 15 周年、科技名词书改装之际,写了以上这些话。是为序。

2000 年夏

钱 三 强 序

科技名词术语是科学概念的语言符号。人类在推动科学技术向前发展的历史长河中,同时产生和发展了各种科技名词术语,作为思想和认识交流的工具,进而推动科学技术的发展。

我国是一个历史悠久的文明古国,在科技史上谱写过光辉篇章。中国科技名词术语,以汉语为主导,经过了几千年的演化和发展,在语言形式和结构上体现了我国语言文字的特点和规律,简明扼要,蓄意深切。我国古代的科学著作,如已被译为英、德、法、俄、日等文字的《本草纲目》、《天工开物》等,包含大量科技名词术语。从元、明以后,开始翻译西方科技著作,创译了大批科技名词术语,为传播科学知识,发展我国的科学技术起到了积极作用。

统一科技名词术语是一个国家发展科学技术所必须具备的基础条件之一。世界经济发达国家都十分关心和重视科技名词术语的统一。我国早在 1909 年就成立了科学名词编订馆,后又于 1919 年中国科学社成立了科学名词审定委员会,1928 年大学院成立了译名统一委员会。1932 年成立了国立编译馆,在当时教育部主持下先后拟订和审查了各学科的名词草案。

新中国成立后,国家决定在政务院文化教育委员会下,设立学术名词统一工作委员会,郭沫若任主任委员。委员会分设自然科学、社会科学、医药卫生、艺术科学和时事名词五大组,聘任了各专业著名科学家、专家,审定和出版了一批科学名词,为新中国成立后的科学技术的交流和发展起到了重要作用。后来,由于历史的原因,这一重要工作陷于停顿。

当今,世界科学技术迅速发展,新学科、新概念、新理论、新方法不断涌现,相应地出现了大批新的科技名词术语。统一科技名词术语,对科学知识的传播,新学科的开拓,新理论的建立,国内外科技交流,学科和行业之间的沟通,科技成果的推广、应用和生产技术的发展,科技图书文献的编纂、出版和检索,科技情报的传递等方面,都是不可缺少的。特别是计算机技术的推广使用,对统一科技名词术语提出了更紧迫的要求。

为适应这种新形势的需要,经国务院批准,1985 年 4 月正式成立了全国自然科学名词审定委员会。委员会的任务是确定工作方针,拟定科技名词术语审定工作计划、实施方案和步骤,组织审定自然科学各学科名词术语,并予以公布。根据国务院授权,委员会审定公布的名词术语,科研、教学、生产、经营以及新闻出版等各部门,均应遵照使用。

全国自然科学名词审定委员会由中国科学院、国家科学技术委员会、国家教育委员会、中国科学技术协会、国家技术监督局、国家新闻出版署、国家自然科学基金委员会分别委派了正、副主任担任领导工作。在中国科协各专业学会密切配合下,逐步建立各专业审定分委员会,并已建立起一支由各学科著名专家、学者组成的近千人的审定队伍,负责审定本学科的名词术语。我国的名词审定工作进入了一个新的阶段。

这次名词术语审定工作是对科学概念进行汉语订名,同时附以相应的英文名称,既有我国语言特色,又方便国内外科技交流。通过实践,初步摸索了具有我国特色的科技名词术语审定的原则与方法,以及名词术语的学科分类、相关概念等问题,并开始探讨当代术语学的理论和方法,以期逐步建立起符合我国语言规律的自然科学名词术语体系。

统一我国的科技名词术语,是一项繁重的任务,它既是一项专业性很强的学术性工作,又涉及到亿万人使用习惯的问题。审定工作中我们要认真处理好科学性、系统性和通俗性之间的关系;主科与副科间的关系;学科间交叉名词术语的协调一致;专家集中审定与广泛听取意见等问题。

汉语是世界五分之一人口使用的语言,也是联合国的工作语言之一。除我国外,世界上还有一些国家和地区使用汉语,或使用与汉语关系密切的语言。做好我国的科技名词术语统一工作,为今后对外科技交流创造了更好的条件,使我炎黄子孙,在世界科技进步中发挥更大的作用,作出重要的贡献。

统一我国科技名词术语需要较长的时间和过程,随着科学技术的不断发展,科技名词术语的审定工作,需要不断地发展、补充和完善。我们将本着实事求是的原则,严谨的科学态度做好审定工作,成熟一批公布一批,提供各界使用。我们特别希望得到科技界、教育界、经济界、文化界、新闻出版界等各方面同志的关心、支持和帮助,共同为早日实现我国科技名词术语的统一和规范化而努力。

钱三强

1992 年 2 月

前　言

土木工程是一门既古老又年轻的学科。观乎远古以砖石建造的拱桥和殿堂，一直到现代采用钢筋混凝土或钢的大跨度悬索桥、房屋、屋盖以及高层建筑等，无不体现了土木工程的广泛与深远。在应用过程中，出现了大量的名词术语，它们随着时间在不断地变化和更新。此外，从土木工程这一学科，又衍生了一些新的而相对独立的学科，如水利、公路、桥梁等，使名词术语既有各自的特点又互相渗透。因此统一土木工程名词，使之规范化、科学化，对于推动土木工程科学技术的发展与传播、便利科技书刊的编译出版，都是一件意义重大的工作。

1990 年中国土木工程学会受全国科学技术名词审定委员会（简称全国科技名词委，原名全国自然科学名词审定委员会）的委托，组成了包括 30 名顾问与委员的"土木工程名词审定委员会"。1990 年 12 月和 1991 年 5 月，委员会先后召开了两次工作会议，制定了审定工作的步骤与计划，确定了名词的专业分类及其框架细目，其后开始各专业名词条目的收词与编写工作。

几年来，通过全体委员和有关专家的通力合作，特别是负责编写各专业名词的委员：张尔恕、龙驭球、卢肇钧、滕智明、袁之廉、项海帆、范励修、张琳、邵根大、杜庭瑞、许保玖、傅忠诚、刘起凤、方鸿琪的努力工作，先后提出了讨论初稿、一审和二审稿，并经过多次会议的审查与修改，于 1996 年 1 月完成《土木工程名词》征求意见稿，发至全国土木工程有关的各设计、施工、科研、教学等单位以及中国土木工程学会下属的各分科学会，广泛征求意见。土木工程界各方面的专家、学者对审定工作给予了大力支持，提出了很多宝贵意见。在此基础上，又经反复研究修改，提出了三审稿，并于 1998 年 4 月的全体委员会议审查通过，报送全国科技名词委。

其后，全国科技名词委对报送的《土木工程名词》又提出了不少有益的意见，在此期间还进行了与水利、铁路、公路等名词以及外国人名的查重工作，委员会由蓝天、卢荣俭和袁之廉组成小组，再一次汇总和研究各方面的意见，修订为复审稿。2002 年 4 月全国科技名词委又委托何广乾、叶耀先 2 位专家进行复审。本委员会对他们的复审意见进行了认真的研究，经修改定稿，上报全国科技名词委批准公布。

本次审定的土木工程名词共分工程材料、工程力学、土力学与地基基础、结构工程、建筑结构、桥梁工程、城市道路工程、铁路工程、隧道与地下工程、港口工程、给水与排水工程、燃气与供热、工程施工、勘察与测量、检测、地震工程与防振工程等 16 大类，共收词 3 828 条，其中前 14 类是土木工程中的各专业常用的名词，后 2 类则是各专业通用的一些名词，因此不是严格按学科分类，主要是为了便于审定、检索和查阅。同一名词可能与多个部分相关，但在编排公布时，一般只在其主要专业出现一次。

这次土木工程名词审定工作得到了全国科学技术名词审定委员会和中国土木工程学会的领导和支持,同时也得到了土木工程界各方面专家和学者的帮助和指导。在审定工作过程中,除了在委员会列名的委员外,还有众多的专家也参加了部分工作并作出了贡献,在此一并表示衷心的感谢。希望广大读者在使用过程中提出宝贵意见,以便进一步修订。

土木工程名词审定委员会

2003 年 8 月

编 排 说 明

一、本书公布的名词是土木工程基本名词。

二、全书正文按主要分支学科分为工程材料、工程力学、土力学与地基基础、结构工程、建筑结构、桥梁工程、城市道路工程、铁路工程、隧道与地下工程、港口工程、给水与排水工程、燃气与供热、工程施工、勘察与测量、检测、地震工程与防震工程等 16 部分。

三、正文中的汉文名按学科的相关概念排列,并附有与其概念相同的符合国际习惯用法的英文名或其他外文名。

四、一个汉文名对应几个英文同义词不便取舍时,英文同义词之间用","分开。对应的外文词为非英文时,用"( )"注明文种。

五、英文名首字母大、小写均可时,一律小写。英文名除必须用复数者,一般用单数。

六、对少数概念易混淆的汉文名给出了简明的定义或注释,列在注释栏内。

七、汉文名的主要异名列在注释栏内。其中"又称"、"全称"、"简称"可继续使用,"曾称"为不再使用的旧名。

八、条目中"[ ]"内的字使用时可以省略。

九、正文后所附的英汉索引按英文字母顺序排列,汉英索引按汉语拼音顺序排列,所示号码为该词在正文中的序码。索引中带"﹡"号者为注释栏内的条目。

目　　录

01. 工 程 材 料

序　码	汉 文 名	英 文 名	注　释

01.01　材 料 性 质

序　码	汉 文 名	英 文 名	注　释
01.001	孔隙率	porosity	
01.002	颗粒组成	grain composition	
01.003	粒径	grain size	
01.004	级配	gradation	
01.005	开级配	open gradation	
01.006	密级配	dense gradation	
01.007	间断级配	gap grading	
01.008	连续级配	continuous grading	
01.009	碱集料反应	alkali-aggregate reaction	
01.010	细度	fineness	
01.011	细度模数	fineness modulus	
01.012	含泥量	soil content	
01.013	石料磨光值	polished value	
01.014	含水率	moisture capacity	指砂石表面含水。
01.015	稠度	consistency	
01.016	水灰比	water-cement ratio	
01.017	混凝土配合料	batching	
01.018	坍落度	slump	
01.019	立方体试块	test cube	
01.020	［混凝土］配合比设计	concrete mix design	
01.021	工作度	workability	
01.022	凝结	setting	
01.023	硬化	hardening	
01.024	早期强度	early strength	
01.025	抗冻性	frost resistant	
01.026	龄期	age of hardening	
01.027	碳化	carbonization	
01.028	硬度	hardness	
01.029	不透水性	water tightness	
01.030	水硬性	hydraulicity	

序 码	汉 文 名	英 文 名	注 释
01.031	气硬性	air hardening	
01.032	水稳性	water stability	
01.033	软化系数	coefficient of softness	
01.034	亲水性	hydrophilicity	
01.035	[集料]亲水系数	hydrophilic coefficient	
01.036	憎水性	hydrophobicity	
01.037	水化	hydration	
01.038	离析	segregation	
01.039	老化	ageing	
01.040	针入度	penetration	
01.041	软化点	softening point	
01.042	延度	ductility	
01.043	闪火点	flash point	
01.044	着火点	fire point	
01.045	溶解度	solubility	
01.046	含蜡量	paraffin content	
01.047	热稳定性	heat stability	
01.048	油－石比	bitumen-aggregate ratio	
01.049	含油率	bitumen rate	
01.050	压碎值	crushing value	
01.051	磨耗度	abrasiveness	
01.052	级	grade	

01.02 砌体材料

序 码	汉 文 名	英 文 名	注 释
01.053	砖	brick	
01.054	实心砖	solid brick	
01.055	空心砖	hollow brick	
01.056	硅酸盐砖	silicate brick	
01.057	釉面砖	glazed tile	
01.058	陶瓷锦砖	mosaic	又称"马赛克"。
01.059	土坯砖	adobe	
01.060	碳化砖	carbonated lime brick	
01.061	混凝土砌块	concrete block	
01.062	瓦	roof tile, tile	
01.063	黏土瓦	clay tile	
01.064	水泥瓦	cement tile	

序 码	汉 文 名	英 文 名	注 释
01.065	平瓦	plain tile	
01.066	搭扣瓦	interlocking tile	
01.067	脊瓦	ridge tile	
01.068	石棉水泥瓦	asbestos cement sheet	

01.03 建 筑 石 料

序 码	汉 文 名	英 文 名	注 释
01.069	花岗岩	granite	
01.070	大理石	marble	
01.071	玄武岩	basalt	
01.072	石灰岩	limestone	
01.073	砂岩	sandstone	
01.074	页岩	shale	
01.075	凝灰岩	tuff	
01.076	白云石	dolomite, bitter spar	
01.077	毛石	rubble	又称"荒料"。
01.078	块石	block stone, boulder	又称"加工石"。
01.079	方正石	regular stone	
01.080	料石	dressed stone	
01.081	石屑	chip	
01.082	粗磨石	primary grinding stone	
01.083	磨光石	abraded stone	
01.084	人造石材	artificial stone	
01.085	水磨石	terrazzo	
01.086	人造大理石	artificial marble	
01.087	铸石	cast stone	
01.088	微晶玻璃	glass ceramics, sitall	

01.04 水 泥

序 码	汉 文 名	英 文 名	注 释
01.089	硅酸盐水泥	Portland cement	
01.090	普通硅酸盐水泥	ordinary Portland cement	
01.091	矿渣硅酸盐水泥	Portland blast furnace-slag cement	
01.092	火山灰质硅酸盐水泥	Portland pozzolana cement	
01.093	混合硅酸盐水泥	mixed Portland cement	
01.094	粉煤灰硅酸盐水泥	fly ash Portland cement	
01.095	复合硅酸盐水泥	composite Portland cement	

序 码	汉 文 名	英 文 名	注 释
01.096	特种水泥	special cement	
01.097	快硬硅酸盐水泥	rapid hardening Portland cement	
01.098	高铝水泥	high alumina cement	
01.099	低热水泥	low-heat Portland cement	
01.100	抗硫酸盐硅酸盐水泥	sulfate resisting Portland cement	
01.101	膨胀水泥	expansive cement	
01.102	自应力水泥	self-stressing cement	
01.103	装饰水泥	decoration cement	
01.104	白色硅酸盐水泥	white Portland cement	
01.105	彩色水泥	colored Portland cement	
01.106	无熟料水泥	cement without clinker	
01.107	钢渣水泥	steel slag cement	
01.108	石灰火山灰水泥	lime pozzolana cement	
01.109	混合材	blending material	

01.05　石灰、石膏

序 码	汉 文 名	英 文 名	注 释
01.110	块状生石灰	lump lime	
01.111	石灰膏	lime paste	
01.112	石灰粉	lime powder	
01.113	消石灰	hydrated lime	
01.114	石灰砂浆	lime mortar	
01.115	建筑石膏	plaster of Paris, calcined gypsum	
01.116	无水石膏	anhydrite	
01.117	苛性菱苦土	caustic magnesite	
01.118	苛性白云石	caustic dolomite	
01.119	水玻璃	water glass	
01.120	硫磺胶泥	sulfur plaster	

01.06　沥青及防水材料

序 码	汉 文 名	英 文 名	注 释
01.121	沥青	asphalt, bitumen	
01.122	天然沥青	natural asphalt	
01.123	石油沥青	petroleum asphalt	
01.124	焦油沥青	tar	
01.125	煤沥青	coal tar	
01.126	页岩沥青	shale tar	
01.127	乳化沥青	emulsified bitumen, emulsified	

序　码	汉　文　名	英　文　名	注　释
		asphalt	
01.128	沥青混合料	bituminous mixture	
01.129	沥青碎石混合料	bituminous macadam mixture	
01.130	沥青砂	asphalt sand	
01.131	沥青石屑	asphalt chip	
01.132	再生沥青混合料	reclaimed asphalt mixture	
01.133	地沥青玛琋脂	mastic asphalt	
01.134	防水卷材	waterproofing roll roofing	
01.135	接缝及密封材料	caulking material	
01.136	防水涂料	waterproofing paint	
01.137	灌浆材料	grouting material	
01.138	防水剂	waterproofing agent	

01.07　建筑木材、竹材

序　码	汉　文　名	英　文　名	注　释
01.139	木材品种	wood species	
01.140	软木材	softwood	
01.141	硬木材	hardwood	
01.142	可用材	utility grade wood	
01.143	等外材	under-grade wood	
01.144	木材制品	timber products	
01.145	原木	log	
01.146	原条	timber stripe	
01.147	锯材	saw timber, converted timber	
01.148	方木	squared timber	
01.149	厚板	plank	
01.150	薄板	board	
01.151	锯末	sawdust	
01.152	木质人造板	man-made wood board	
01.153	胶合板	plywood	
01.154	硬质纤维板	stiff fiber board	
01.155	刨花板	shaving board	
01.156	人造饰面板	artificial decorative board	
01.157	浸渍防腐木材	creosoted timber	
01.158	原竹	bamboo	
01.159	竹胶合板	bamboo plywood	

序　码	汉 文 名	英 文 名	注　释

01.08　配 筋 材 料

序　码	汉 文 名	英 文 名	注　释
01.160	钢筋	steel bar, reinforcing steel bar	
01.161	光面钢筋	plain bar	又称"光圆钢筋"。
01.162	热轧钢筋	hot rolled steel bar	
01.163	热处理钢筋	heat-treated steel bar	
01.164	变形钢筋	steel wire rope, deformed bar	
01.165	光圆钢丝	plain steel wire	
01.166	线材	wire rod	又称"盘条"。
01.167	冷轧钢筋	cold rolled steel bar	
01.168	镀锌钢丝	galvanized steel wire	
01.169	冷拔钢丝	cold drawn steel wire	
01.170	冷拉钢筋	cold stretched steel bar	
01.171	高强钢丝	high-strength steel wire	
01.172	中强钢丝	medium-strength steel wire	
01.173	刻痕钢丝	corrugated wire, indented steel wire	
01.174	钢铰线	strand	
01.175	钢丝束	wire tendon, bundled steel wires	
01.176	平行钢丝束	parallel wire strand	
01.177	封闭式钢索	locked coil rope	
01.178	玻璃纤维	glass fiber	
01.179	碳纤维	carbon fiber	
01.180	钢纤维	steel fiber	

01.09　型　　　钢

序　码	汉 文 名	英 文 名	注　释
01.181	型钢	section steel	
01.182	角钢	angle steel	
01.183	工字钢	I-beam steel	
01.184	槽钢	channel steel	
01.185	H 型钢	H-section steel, wide flange steel	
01.186	T 型钢	T-section steel	

01.10　金　属　板

序　码	汉 文 名	英 文 名	注　释
01.187	平钢板	flat steel plate	
01.188	厚钢板	heavy steel plate	
01.189	薄钢板	steel sheet	
01.190	镀锌板	galvanized steel sheet	

序　码	汉　文　名	英　文　名	注　释
01.191	带钢	strip steel	又称"扁钢"。
01.192	铝板	aluminium sheet	
01.193	铝合金板	aluminium alloy sheet	

01.11　管　　材

序　码	汉　文　名	英　文　名	注　释
01.194	铸铁管	cast iron pipe	
01.195	钢管	steel pipe, steel tube	
01.196	无缝钢管	seamless steel pipe, seamless steel tube	
01.197	焊接钢管	welded steel pipe, welded steel tube	
01.198	管接头	pipe joint	
01.199	管件	pipe fitting	

01.12　混　凝　土

序　码	汉　文　名	英　文　名	注　释
01.200	集料	aggregate	又称"骨料"。
01.201	重集料	heavy aggregate	
01.202	轻集料	light-weight aggregate	
01.203	粗集料	coarse aggregate	
01.204	细集料	fine aggregate	
01.205	碎石	crushed stone	
01.206	卵石	gravel	
01.207	天然砂	natural sand	
01.208	集料级配	grading of aggregate	
01.209	尘土	dust	
01.210	膨胀黏土	expanded clay	又称"黏土陶粒"。
01.211	膨胀珍珠岩	expanded perlite	
01.212	膨胀蛭石	expanded vermiculite	
01.213	浮石	pumice	
01.214	火山渣	scoria	
01.215	外加剂	admixture	
01.216	减水剂	water reducing agent	
01.217	高效塑化剂	superplasticizer	
01.218	引气剂	air entraining agent	
01.219	速凝剂	accelerator	
01.220	缓凝剂	retarder	
01.221	早强剂	hardening accelerator	

序 码	汉文名	英 文 名	注 释
01.222	防冻剂	antifreeze agent	
01.223	膨胀剂	expansive agent	
01.224	流化剂	fluidizer agent	
01.225	泵送剂	pumping admixture	
01.226	阻锈剂	corrosion inhibitor	掺入混凝土中的外加剂。
01.227	加气剂	gas-forming admixture	
01.228	着色剂	coloring agent	
01.229	掺合料	additive	
01.230	粉煤灰	fly ash	
01.231	矿粉	mineral powder	
01.232	工业废渣	industrial waste	
01.233	水淬[高炉]矿渣	granulated blast-furnace slag	
01.234	硅灰	silica fume	
01.235	硅藻土	diatomite	
01.236	普通混凝土	ordinary concrete	
01.237	高强混凝土	high strength concrete	
01.238	高性能混凝土	high performance concrete	
01.239	防水混凝土	waterproofed concrete	
01.240	耐火混凝土	refractory concrete	
01.241	防辐射混凝土	radiation shielding concrete	
01.242	耐酸混凝土	acid resisting concrete	
01.243	膨胀混凝土	expansive-cement concrete	
01.244	纤维混凝土	fiber concrete	
01.245	聚合物混凝土	polymer concrete	
01.246	加气混凝土	aerated concrete	
01.247	泡沫混凝土	foam concrete	
01.248	轻集料混凝土	lightweight aggregate concrete	
01.249	大孔混凝土	no-fines concrete	
01.250	离心混凝土	centrifugal concrete	
01.251	喷射混凝土	shotcrete	
01.252	真空混凝土	vacuum concrete	

01.13 砂 浆

序 码	汉文名	英 文 名	注 释
01.253	普通砂浆	ordinary mortar	
01.254	砌筑砂浆	masonry mortar	

序　码	汉　文　名	英　文　名	注　释
01.255	抹面砂浆	decorative mortar	
01.256	防水砂浆	waterproofed mortar	
01.257	保温砂浆	thermal insulation mortar	
01.258	耐酸砂浆	acid resisting mortar	
01.259	沥青砂浆	asphalt mortar	

01.14　石　　棉

序　码	汉　文　名	英　文　名	注　释
01.260	温石棉	serpentine asbestos	
01.261	石棉灰	asbestos ash	
01.262	石棉纸	asbestos paper	
01.263	石棉瓦	asbestos tile	
01.264	石棉板	asbestos board	
01.265	石棉管	asbestos pipe	
01.266	石棉绳	asbestos rope	

02.　工　程　力　学

02.01　理　论　力　学

序　码	汉　文　名	英　文　名	注　释
02.001	理论力学	theoretical mechanics	
02.002	运动学	kinematics	
02.003	固体力学	solid mechanics	
02.004	静力学	statics	
02.005	动力学	dynamics	
02.006	力	force	
02.007	力系	system of forces	
02.008	刚体	rigid body	
02.009	力矩	moment of force	
02.010	力偶	couple	
02.011	分力	component force	
02.012	合力	resultant force	
02.013	合力偶	resultant couple	
02.014	平衡	equilibrium	
02.015	重心	center of gravity	
02.016	约束	constraint	

序 码	汉 文 名	英 文 名	注 释
02.017	摩擦	friction	
02.018	反[作用]力	reaction	
02.019	位移	displacement	
02.020	转角	angle of rotation	
02.021	速度	velocity	
02.022	加速度	acceleration	
02.023	角速度	angular velocity	
02.024	角加速度	angular acceleration	
02.025	质量	mass	
02.026	惯性	inertia	
02.027	质点	material point, mass point, particle	
02.028	功	work	
02.029	动能	kinetic energy	
02.030	动量	momentum	
02.031	冲量	impulse	
02.032	惯性力	inertial force	
02.033	达朗贝尔原理	d'Alembert principle	
02.034	振动	vibration	
02.035	周期	period	
02.036	频率	frequency	
02.037	固有频率	natural frequency	又称"自振频率"。
02.038	振幅	amplitude	
02.039	振型	mode of vibration	
02.040	相位	phase	
02.041	阻尼	damping	
02.042	共振	resonance	
02.043	简谐振动	simple harmonic vibration	
02.044	自由振动	free vibration	
02.045	受迫振动	forced vibration	
02.046	冲击	impact	又称"撞击"。

02.02 材 料 力 学

序 码	汉 文 名	英 文 名	注 释
02.047	杆件	bar, member	
02.048	截面	section	
02.049	变形	deformation	
02.050	弹性	elasticity	
02.051	塑性	plasticity	

序　码	汉　文　名	英　文　名	注　释
02.052	各向同性	isotropy	
02.053	各向异性	anisotropy	
02.054	正交[各向]异性	orthotropy	
02.055	内力	internal force	
02.056	应力	stress	
02.057	法向应力	normal stress	
02.058	主应力	principal stress	
02.059	剪应力	shear stress	
02.060	应变	strain	
02.061	法向应变	normal strain	
02.062	主应变	principal strain	
02.063	剪应变	shear strain	
02.064	泊松比	Poisson ratio	
02.065	弹性模量	modulus of elasticity	
02.066	剪[切]模量	shear modulus	
02.067	切线模量	tangent modulus	
02.068	割线模量	secant modulus	
02.069	拉伸	tension	
02.070	压缩	compression	
02.071	剪切	shear	
02.072	剪切滞后	shear lag	
02.073	扭转	torsion	
02.074	弯曲	bending, flexure	
02.075	胡克定律	Hooke's law	
02.076	梁	beam	
02.077	平截面假定	plane cross-section assumption	
02.078	中性轴	neutral axis	
02.079	弯矩	bending moment	
02.080	剪力	shear force	
02.081	轴[向]力	axial force	
02.082	偏心距	eccentricity	
02.083	偏心受压	eccentric compression	又称"偏心压缩"。
02.084	扭矩	torsional moment	
02.085	弯矩图	bending moment diagram, moment diagram	
02.086	剪力图	shear diagram	

序　码	汉　文　名	英　文　名	注　释
02.087	轴力图	axial force diagram	
02.088	核心〔区〕	core	
02.089	形心	centroid, centroid of area	
02.090	静面积矩	static moment of area	
02.091	惯性矩	moment of inertia	
02.092	极惯性矩	polar moment of inertia	
02.093	惯性积	product of inertia	
02.094	主惯性矩	principal moment of inertia	
02.095	截面模量	section modulus	
02.096	挠度	deflection	
02.097	倾角	slope	又称"转角"。
02.098	曲率	curvature	
02.099	曲率半径	radius of curvature	
02.100	挠度曲线	deflection curve	
02.101	莫尔圆	Mohr circle	
02.102	强度	strength	
02.103	柱	column	
02.104	屈曲	buckling	
02.105	欧拉荷载	Euler load	
02.106	临界荷载	critical load	
02.107	长细比	slenderness ratio	
02.108	薄壁杆	thin walled bar	
02.109	稳定性	stability	
02.110	局部稳定性	local stability	
02.111	分岔	bifurcation	又称"分支"。
02.112	整体稳定性	overall stability	
02.113	翘曲	warping	
02.114	剪切流	shear flow	又称"剪力流"。
02.115	双力矩	bi-moment	
02.116	扇性面积	sectorial area	

02.03　结　构　力　学

序　码	汉　文　名	英　文　名	注　释
02.117	结构	structure	
02.118	静定结构	statically determinate structure	
02.119	超静定结构	statically indeterminate structure	又称"静不定结构"。
02.120	节点	joint, node	又称"结点"。

序 码	汉 文 名	英 文 名	注 释
02.121	铰接节点	hinged joint	
02.122	刚接节点	rigid joint	
02.123	几何可变体系	geometrically unstable system	
02.124	几何不变体系	geometrically stable system	
02.125	连续梁	continuous beam	
02.126	刚架	rigid frame	
02.127	拱	arch	
02.128	压力线	pressure line	
02.129	悬索	suspended cable	
02.130	桁架	truss	
02.131	影响线	influence line	
02.132	虚功原理	principle of virtual work	
02.133	虚功	virtual work	
02.134	虚位移	virtual displacement	
02.135	虚力	virtual force	
02.136	单位荷载法	unit-load method	
02.137	弹性荷载法	elastic-load method	
02.138	维氏变位图	Williot diagram	
02.139	虚功互等定理	reciprocal virtual work theorem	
02.140	力法	force method	
02.141	超静定次数	degree of statical indeterminacy	
02.142	多余未知力	redundant force	又称"赘余力"。
02.143	未知量	unknown	
02.144	基本体系	primary structure	又称"基本结构"。
02.145	最小功原理	theorem of least work	
02.146	卡氏定理	Castigliano's theorem	
02.147	柔度法	flexibility method	
02.148	柔度矩阵	flexibility matrix	
02.149	位移法	displacement method	
02.150	转角位移方程	slope-deflection equation	
02.151	刚度法	stiffness method	
02.152	刚度矩阵	stiffness matrix	
02.153	单元刚度矩阵	element stiffness matrix	
02.154	等效结点荷载	equivalent nodal load	
02.155	矩阵位移法	matrix displacement method	
02.156	直接刚度法	direct stiffness method	
02.157	矩阵力法	matrix force method	

序　码	汉　文　名	英　文　名	注　释
02.158	渐近法	method of successive approximation	
02.159	力矩分配法	moment distribution method	
02.160	固端弯矩	fixed-end moment	
02.161	分布系数	distribution factor	
02.162	传递系数	carry-over factor	
02.163	传递弯矩	carry-over moment	
02.164	力矩迭代法	moment iteration method	
02.165	包络图	envelope diagram	
02.166	混合法	mixed method	
02.167	温度应力	thermal stress	
02.168	结构动力学	structural dynamics	
02.169	自由度	degree of freedom	
02.170	随机振动	random vibration	
02.171	确定性振动	deterministic vibration	
02.172	动态反应	dynamic response	又称"动态响应"。
02.173	瞬态反应	transient response	又称"瞬态响应"。
02.174	稳态反应	steady-state response	又称"稳态响应"。
02.175	哈密顿原理	Hamilton principle	
02.176	特征值	eigenvalue	又称"本征值"。
02.177	特征矢量	eigenvector	又称"本征矢［量］"。
02.178	瑞利－里茨法	Rayleigh-Ritz method	
02.179	铁摩辛柯梁	Timoshenko beam	
02.180	弹性稳定	elastic stability	

02.04　弹塑性力学

序　码	汉　文　名	英　文　名	注　释
02.181	连续介质	continuum, continuum medium	
02.182	本构方程	constitutive equation	
02.183	应变能	strain energy	
02.184	势能	potential energy	又称"位能"。
02.185	余能	complementary energy	
02.186	艾里应力函数	Airy stress function	
02.187	圣维南原理	Saint-Venant principle	
02.188	板	plate, slab	
02.189	基尔霍夫假设	Kirchhoff hypothesis	
02.190	壳	shell	
02.191	折板	folded plate, folded slab	

序 码	汉 文 名	英 文 名	注 释
02.192	壳体薄膜理论	membrane theory of shell	
02.193	应力集中	stress concentration	
02.194	复合材料	composite material	
02.195	应力偏[张]量	deviatoric tensor of stress	
02.196	应变偏[张]量	deviatoric tensor of strain	
02.197	应变率	strain rate	
02.198	等效应力	equivalent stress	
02.199	等效应变	equivalent strain	
02.200	永久变形	permanent deformation	
02.201	屈服点	yield point	
02.202	屈服条件	yield condition	
02.203	屈服准则	yield criterion	
02.204	特雷斯卡屈服准则	Tresca yield criterion	
02.205	米泽斯屈服准则	Mises yield criterion	
02.206	莫尔屈服准则	Mohr yield criterion	
02.207	残余应力	residual stress	
02.208	残余应变	residual strain	
02.209	理想弹塑性材料	perfect elastoplastic material	
02.210	刚塑性材料	rigid-plastic material	
02.211	应变强化	strain hardening	
02.212	塑性形变理论	plastic deformation theory	
02.213	塑性增量理论	incremental theory of plasticity	
02.214	塑性铰	plastic hinge	
02.215	塑性铰线	plastic hinge line	
02.216	塑性流幅	plastic flow range	
02.217	极限荷载	limit load	
02.218	极限设计	limit design	
02.219	比例加载	proportional loading	
02.220	卸载	unloading	
02.221	安定[性]理论	shake-down theory	
02.222	断裂力学	fracture mechanics	
02.223	裂纹	crack	
02.224	裂纹张开位移	crack opening displacement, COD	
02.225	张开型裂纹	opening mode of crack	
02.226	滑开型裂纹	sliding mode of crack	
02.227	撕开型裂纹	tearing mode of crack	

序码	汉文名	英文名	注释
02.228	应力强度因子	stress intensity factor	
02.229	断裂韧性	fracture toughness	
02.230	断裂准则	fracture criterion	
02.231	疲劳	fatigue	
02.232	疲劳强度	fatigue strength	又称"疲劳极限（fa-tigue limit）"。
02.233	应力腐蚀	stress corrosion	
02.234	壳体边界效应	edge effect of shell	
02.235	接触问题	contact problem	
02.236	弹性波	elastic wave	
02.237	强化阶段	strain-hardening range	
02.238	持久极限	endurance limit	又称"持久强度"。
02.239	损伤	damage	
02.240	黏弹性	viscoelasticity	
02.241	黏塑性	viscoplasticity	
02.242	徐变	creep	又称"蠕变"。
02.243	应力松弛	stress relaxation	

02.05 流体力学

序码	汉文名	英文名	注释
02.244	流体	fluid	
02.245	伯努利定理	Bernoulli theorem	
02.246	纳维－斯托克斯方程	Navier-Stokes equation	
02.247	相似律	similarity law	
02.248	雷诺数	Reynolds number	
02.249	压强	pressure	
02.250	黏［滞］性	viscosity	
02.251	抗力	resistance, drag	
02.252	流	flow	又称"流动"。
02.253	流场	flow field	
02.254	流线	stream line	
02.255	流量	flow rate, flow discharge	
02.256	流速	flow velocity	
02.257	源	source	
02.258	汇	sink	
02.259	涡旋	vortex	
02.260	水头	water head	

序　码	汉　文　名	英　文　名	注　释
02.261	水头损失	head loss	
02.262	水力坡度	hydraulic gradient	
02.263	层流	laminar flow	
02.264	湍流	turbulent flow	又称"紊流"。
02.265	边界层	boundary layer	
02.266	水力半径	hydraulic radius	
02.267	管流	pipe flow, tube flow	
02.268	水锤	water hammer	
02.269	明渠水流	open channel flow	
02.270	水跃	hydraulic jump	
02.271	堰流	weir flow	
02.272	孔流	orifice flow	
02.273	消能	energy dissipation	
02.274	空蚀	cavitation damage, cavitation erosion	
02.275	渗流	porous flow, seepage flow	
02.276	达西定律	Darcy law	

02.06　计　算　力　学

序　码	汉　文　名	英　文　名	注　释
02.277	有限元法	finite element method	
02.278	有限差分法	finite difference method	
02.279	变分法	variational method	
02.280	加权残值法	weighted residual method	
02.281	最小二乘法	least square method	
02.282	里茨法	Ritz method	
02.283	伽辽金法	Galerkin method	
02.284	坎托罗维奇法	Kantorovich method	曾称"康托洛维奇法"。
02.285	半解析法	semi-analytical method	
02.286	有限条法	finite strip method	
02.287	能量原理	energy principle	
02.288	变分原理	variational principle	
02.289	最小势能原理	principle of minimum potential energy	
02.290	最小余能原理	principle of minimum complementary energy	
02.291	胡海昌－鹫津原	Hu-Washizu principle	

序　码	汉　文　名	英　文　名	注　释
	理		
02.292	赫林格－赖斯纳原理	Hellinger-Reissner principle	
02.293	广义变分原理	generalized variational principle	
02.294	计算结构力学	computational structural mechanics	
02.295	计算流体力学	computational fluid mechanics	
02.296	插值	interpolation	
02.297	形状函数	shape function	
02.298	带状矩阵	banded matrix	
02.299	带宽	band width	
02.300	边界元	boundary element	
02.301	位移元	displacement element	
02.302	混合元	mixed element	
02.303	杂交元	hybrid element	
02.304	等参元	isoparametric element	
02.305	静凝聚	static condensation	
02.306	数值积分	numerical integration	
02.307	高斯积分	Gauss integration	
02.308	几何刚度矩阵	geometric stiffness matrix	
02.309	质量矩阵	mass matrix	
02.310	阻尼矩阵	damping matrix	
02.311	高斯消元法	Gauss elimination method	又称"高斯－若尔当消去法(Gauss-Jordan elimination method)"。
02.312	波前法	frontal method	
02.313	迭代法	iteration method	
02.314	计算机辅助设计	computer aided design, CAD	
02.315	结构优化设计	optimum structural design, optimized design of structure	
02.316	最轻设计	minimum weight design	

03. 土力学与地基基础

序 码	汉 文 名	英 文 名	注 释

03.01 一 般 名 词

03.001	土力学	soil mechanics	
03.002	岩体力学	rock mechanics	
03.003	岩土工程学	geotechnical engineering	
03.004	基础工程学	foundation engineering	
03.005	地基土	foundation soil, subsoil, subgrade	
03.006	地基	foundation, footing	
03.007	地基处理	ground treatment, foundation treatment	
03.008	地表水	surface water	
03.009	地下水	ground water	
03.010	堤	levee, embankment	
03.011	坝	dam	
03.012	地基勘察	soil investigation, soil exploration	

03.02 土 的 分 类

03.013	粗粒土	coarse grained soil	>0.075mm 占 50% 以上。
03.014	砾石土	gravelly soil	又称"砾类土"。>2mm 占 50% 以上。
03.015	块石	boulder	又称"漂石"。>200mm 占 50% 以上。
03.016	碎石	cobble	>20mm 占 50% 以上。
03.017	角砾	gravel	又称"圆砾"。>2mm 占 50% 以上。
03.018	砂土	sand	>2mm 不到 50%。
03.019	砾砂	gravelly sand	>2mm 占 25%~50%。
03.020	粗砂	coarse sand	>0.5mm 占 50% 以上。
03.021	中砂	medium sand	>0.25mm 占 50% 以上。

序 码	汉 文 名	英 文 名	注 释
03.022	细砂	fine sand	0.1mm 占 75% 以上。
03.023	粉砂	silty sand	>0.1mm 占 50% ~ 75%。
03.024	细粒土	fine grained soil	
03.025	粉土	silt	
03.026	砂质粉土	sandy silt	$I_p \leq 10$, >0.05mm 占 50% 以上。
03.027	黏质粉土	clayey silt	$I_p \leq 10$, >0.05mm 不到 50%。
03.028	粉质黏土	silty clay	$10 < I_p \leq 17$。
03.029	黏土	clay	$I_p > 17$。
03.030	黄土	loess	
03.031	膨胀土	expansive soil, swelling soil	
03.032	红［黏］土	laterite	
03.033	盐渍土	saline soil, salty soil	
03.034	有机［质］土	organic soil	有机质含量 >25%。
03.035	多年冻土	permafrost	
03.036	湿陷性土	collapsible soil	
03.037	分散性土	dispersive soil	
03.038	海洋沉积	oceanic deposit	
03.039	近海沉积	offshore deposit	
03.040	湖相沉积	lacustrine deposit	
03.041	河流沉积	fluvial deposit	
03.042	风积土	aeolian deposit	
03.043	风化物	weathered rock-soil	
03.044	高岭石	kaolinite	
03.045	伊利石	illite	
03.046	蒙脱石	montmorillonite	
03.047	云母	mica	
03.048	火山灰	volcanic ash	
03.049	冰川沉积	glacial deposit	
03.050	软黏土	soft clay	孔隙比 >1 的沉积黏土。
03.051	裂隙硬黏土	stiff fissured clay	简称"裂土"。
03.052	超固结土	overconsolidated soil	又称"先期固结土"。
03.053	正常固结土	normally consolidated soil	

序 码	汉 文 名	英 文 名	注 释
03.054	欠固结土	underconsolidated soil	

03.03 土的勘探试验

序 码	汉 文 名	英 文 名	注 释
03.055	钻孔柱状图	boring log	又称"钻孔记录"。
03.056	土层剖面	soil profile	
03.057	土样	sample	
03.058	取样	sampling	
03.059	原状土样	undisturbed soil sample	又称"不扰动土样"。
03.060	扰动土样	disturbed soil sample	
03.061	重塑土样	remolded sample	
03.062	室内土工试验	laboratory soil tests	
03.063	试件	specimen	
03.064	粒径分析	grain size analysis	
03.065	相对密实度试验	relative density tests	
03.066	稠度界限	consistency limit	
03.067	压缩[固结]试验	compression consolidation test, compression test	
03.068	直剪试验	direct shear test	
03.069	三轴剪切试验	triaxial shear test	
03.070	无侧限压力试验	unconfined compression test	
03.071	渗透试验	permeability test	
03.072	击实试验	compaction test	
03.073	原位测试	in-situ test	
03.074	平板载荷试验	plate-loading test	
03.075	原位直剪试验	in-situ direct shear test	
03.076	现场十字板试验	field vane test	
03.077	现场渗透试验	field seepage test	
03.078	地球物理勘探	geophysical exploration	
03.079	电阻勘探法	electrical prospecting	
03.080	地震物探法	seismic geophysical survey	
03.081	波速勘探法	wave velocity survey	
03.082	雷达物探法	radar geophysical survey	

03.04 土的物理性质

序 码	汉 文 名	英 文 名	注 释
03.083	天然重度	natural density	符号 γ。
03.084	干重度	dry density	符号 γ_d。
03.085	孔隙比	void ratio	符号 e。

序 码	汉 文 名	英 文 名	注 释
03.086	饱和度	degree of saturation	符号 S_r。
03.087	粒径曲线	grain size curve	
03.088	不均匀系数	coefficient of uniformity	
03.089	液性限度	liquid limit	又称"液限"。符号 W_L。
03.090	塑性限度	plastic limit	又称"塑限"。符号 W_p。
03.091	收缩限度	shrinkage limit	又称"缩限"。符号 W_s。
03.092	塑性指数	plasticity index	符号 I_p。
03.093	液性指数	liquidity index	符号 I_l。
03.094	活性指数	activity index	
03.095	侧限压缩模量	oedometric modulus	符号 E_s。
03.096	压缩系数	coefficient of compressibility	符号 a_v。
03.097	固结度	degree of consolidation	符号 U。
03.098	固结比	consolidation ratio	符号 U_z。
03.099	固结系数	coefficient of consolidation	符号 C_v。
03.100	先期固结压力	preconsolidation pressure	符号 σ_p。
03.101	主固结	primary consolidation	
03.102	次固结	secondary consolidation	又称"次压缩(secondary compression)"。
03.103	总应力	total stress	
03.104	有效应力	effective stress	
03.105	孔隙水压力	pore water pressure	
03.106	孔隙气压力	pore air pressure	
03.107	孔隙压力消散	pore pressure dissipation	
03.108	吸力	suction	
03.109	膨胀压力	swelling pressure	
03.110	渗透力	seepage force	
03.111	凝聚力	cohesion	又称"黏聚力"。
03.112	内摩擦角	angle of internal friction	
03.113	剪胀性	dilatancy	
03.114	应变软化	strain softening	
03.115	峰值强度	peak strength	
03.116	残余强度	residual strength	
03.117	长期强度	long-term strength	
03.118	莫尔 – 库仑定律	Mohr-Coulomb law	

序　码	汉　文　名	英　文　名	注　　释
03.119	莫尔包线	Mohr's envelope	又称"强度包线(strength envelope)"。
03.120	塑性平衡状态	state of plastic equilibrium	
03.121	刚塑性模型	rigid-plastic model	
03.122	弹塑性模型	elasto-plastic model	
03.123	黏弹性性状	viscoelastic behaviour	
03.124	本构关系	constitutive relation	
03.125	破坏准则	failure criterion	
03.126	极限平衡分析	limit equilibrium analysis	

03.05　地基沉降和土体稳定性

序　码	汉　文　名	英　文　名	注　　释
03.127	覆盖压力	overburden pressure	
03.128	附加荷载	superimposed load	
03.129	沉降[量]	settlement	
03.130	沉降差	differential settlement	
03.131	容许沉降量	allowable settlement	
03.132	持力层	bearing stratum	
03.133	下卧层	underlying stratum, substratum	
03.134	容许承载力	allowable bearing capacity	
03.135	极限承载力	ultimate bearing capacity	
03.136	破坏面	failure surface	
03.137	整体剪切破坏	general shear failure	
03.138	局部剪切破坏	local shear failure	
03.139	冲剪破坏	punching shear failure	
03.140	边坡	slope	又称"斜坡"。
03.141	滑动面	slip surface	
03.142	渐进性破坏	progressive failure	
03.143	液化	liquefaction	
03.144	地下潜蚀	subsurface erosion	
03.145	渗透破坏	seepage failure	
03.146	管涌	piping	

03.06　土压力和挡土结构

序　码	汉　文　名	英　文　名	注　　释
03.147	库仑土压力理论	Coulomb's earth pressure theory	
03.148	兰金应力状态	Rankine state of stress	
03.149	侧向土压力	lateral earth pressure	
03.150	静止土压力	earth pressure at rest	

序 码	汉 文 名	英 文 名	注 释
03.151	主动土压力	active earth pressure	
03.152	被动土压力	passive earth pressure	
03.153	挡土墙	retaining wall	
03.154	岸墙	quay wall	
03.155	临时支撑	shoring	
03.156	板桩墙	sheet pile wall	
03.157	地下连续墙	diaphragm wall, underground diaphragm wall	
03.158	地层锚杆	ground anchor	
03.159	加筋土	reinforced earth	
03.160	锚定板	anchor slab	
03.161	锚杆挡墙	anchored retaining wall, tie back-wall, anchored bolt retaining wall	
03.162	锚定板挡墙	anchor slab retaining wall	
03.163	抗滑桩	anti-slide pile, counter-sliding pile	

03.07 浅 基 础

序 码	汉 文 名	英 文 名	注 释
03.164	浅基础	shallow foundation	
03.165	独立基础	single footing	又称"单独基础"。
03.166	刚性基础	rigid foundation	
03.167	板式基础	slab foundation	
03.168	扩展基础	spread foundation	又称"扩大基础"。
03.169	条形基础	strip footing	
03.170	联合基础	combined footing, combined foundation	
03.171	筏形基础	raft foundation	又称"片筏基础"。
03.172	箱形基础	box foundation	
03.173	壳体基础	shell foundation	

03.08 深 基 础

序 码	汉 文 名	英 文 名	注 释
03.174	深基础	deep foundation	
03.175	桩基础	pile foundation	
03.176	端承桩	point bearing pile	
03.177	摩擦桩	friction pile	
03.178	预制桩	precast pile	
03.179	打入桩	driven pile	

序 码	汉 文 名	英 文 名	注 释
03.180	钻孔灌注桩	cast-in-place pile	
03.181	排土桩	displacement pile	
03.182	不排土桩	non-displacement pile	又称"非排土桩"。
03.183	木桩	timber pile	
03.184	钢桩	steel pile	
03.185	钢筋混凝土桩	reinforced concrete pile	
03.186	高桩承台	high-rise pile cap	
03.187	桩群	pile group, pile cluster	
03.188	墩基础	pier foundation	
03.189	沉箱基础	caisson foundation, pneumatic caisson foundation	
03.190	沉井基础	open caisson foundation	
03.191	管柱基础	cylinder pile foundation, tubular column foundation, colonnade foundation	

03.09　地　基　处　理

序 码	汉 文 名	英 文 名	注 释
03.192	换土垫层	cushion	
03.193	砂桩	sand pile	
03.194	振冲	vibroflotation	
03.195	爆炸挤密	blasting compaction	
03.196	振动压密	vibro-densification	
03.197	强夯	dynamic compaction	
03.198	砂井	sand drain	
03.199	预压	preloading	
03.200	真空预压	vacuum preloading	
03.201	电渗	electro-osmosis	
03.202	电化学加固	electrochemical stabilization	
03.203	水泥灌浆	cement grouting	
03.204	化学灌浆	chemical grouting	
03.205	水力劈裂	hydraulic fracturing	
03.206	高压喷射注浆	high pressure jet grouting	
03.207	深层搅拌桩	deep-mixed pile	
03.208	土工合成材料	geosynthetics	
03.209	土工织物	geotextile	
03.210	树根桩	root pile	
03.211	托换技术	underpinning	

序　码	汉　文　名	英　文　名	注　释
03.212	灰土	lime soil	
03.213	硅化加固	silicification	

04. 结 构 工 程

序　码	汉　文　名	英　文　名	注　释

04.01　结构设计原理

04.001	可靠性	reliability	
04.002	安全性	safety	
04.003	适用性	serviceability	
04.004	耐久性	durability	
04.005	设计基准期	design reference period	
04.006	可靠概率	probability of survival	
04.007	失效概率	probability of failure	
04.008	可靠指标	reliability index	
04.009	容许应力设计法	allowable stress design method	
04.010	破坏强度设计法	ultimate strength design method	
04.011	极限状态设计法	limit state design method	
04.012	概率设计法	probabilistic design method	
04.013	定值设计法	deterministic design method	
04.014	极限状态	limit state	
04.015	极限状态方程	limit state equation	
04.016	承载能力极限状态	ultimate limit state	
04.017	正常使用极限状态	serviceability limit state	
04.018	分项系数	partial factor	
04.019	结构安全等级	safety classes of structure	
04.020	作用	action	
04.021	荷载	load	
04.022	永久作用	permanent action	
04.023	可变作用	variable action	
04.024	偶然作用	accidental action	
04.025	静态作用	static action	
04.026	动态作用	dynamic action	

序 码	汉 文 名	英 文 名	注 释
04.027	重复作用	repeated action	
04.028	反复作用	reversed cyclic action	
04.029	温度作用	thermal action, temperature action	
04.030	爆炸作用	explosion action	
04.031	沉降作用	settlement action	
04.032	施工荷载	site load, construction load	
04.033	风荷载	wind load	
04.034	基本风压	basic wind pressure	
04.035	风压高度变化系数	height variation coefficient of wind pressure	
04.036	风荷载体型系数	structural shape factor of wind load	
04.037	风振系数	wind pulse-vibration factor	
04.038	雪荷载	snow load	
04.039	冰荷载	ice pressure, ice load	
04.040	吊车荷载	crane load	
04.041	活荷载	live load	
04.042	恒荷载	dead load	
04.043	作用标准值	characteristic value of action	
04.044	作用频遇值	frequent value of action	
04.045	作用准永久值	quasi-permanent value of action	
04.046	作用组合值	combination value of actions	
04.047	作用设计值	design value of action	
04.048	作用分项系数	partial safety factor for action, action sub-coefficient	
04.049	作用效应	action effect	
04.050	作用效应系数	coefficient of action effect	
04.051	作用组合值系数	coefficient for combination value of actions	
04.052	作用效应组合	combination for action effects	
04.053	作用效应基本组合	fundamental combination for action effects	
04.054	作用效应偶然组合	accidental combination for action effects	
04.055	短期效应组合	combination for short-term action effects	
04.056	长期效应组合	combination for long-term action effects	

序 码	汉 文 名	英 文 名	注 释
04.057	设计限值	limiting design value	
04.058	荷载标准值	characteristic value of load	
04.059	荷载设计值	design value of load	
04.060	荷载分项系数	partial safety factor for load	
04.061	抗力分项系数	partial safety factor for resistance	
04.062	材料强度标准值	characteristic value for strength of material	
04.063	材料强度设计值	design value for strength of material	
04.064	材料强度分项系数	partial safety factor for strength of material	
04.065	结构重要性系数	coefficient for importance of structure	
04.066	脆性破坏	brittle failure	
04.067	延性破坏	ductile failure	
04.068	承载能力	load-carrying capacity, bearing capacity	

04.02 混凝土结构

序 码	汉 文 名	英 文 名	注 释
04.069	混凝土结构	concrete structure	
04.070	素混凝土结构	plain concrete structure	
04.071	钢筋混凝土结构	reinforced concrete structure	
04.072	预应力混凝土结构	prestressed concrete structure	
04.073	屈服强度	yield strength	
04.074	极限强度	ultimate strength	
04.075	时效硬化	age-hardening	
04.076	包辛格效应	Bauschinger effect	
04.077	立方体强度	cube strength	
04.078	棱柱体抗压强度	prismatic compressive strength	
04.079	圆柱体抗压强度	cylindrical compressive strength	
04.080	弯曲抗压强度	flexural compressive strength	
04.081	轴心抗压强度	axial compressive strength	
04.082	混凝土强度等级	strength grade of concrete	
04.083	轴心抗拉强度	axial tensile strength	
04.084	劈拉强度	split tensile strength, split strength	
04.085	局部受压强度	local bearing strength	
04.086	双轴强度	biaxial strength	

序 码	汉 文 名	英 文 名	注 释
04.087	三轴强度	triaxial strength	
04.088	约束混凝土	confined concrete	
04.089	微裂缝	micro-crack	
04.090	弹性系数	coefficient of elasticity	
04.091	极限应变	ultimate strain	
04.092	收缩	shrinkage	
04.093	松弛	relaxation	
04.094	时随变形	time dependent deformation	
04.095	瞬时应变	instantaneous strain	
04.096	黏结应力	bond stress	
04.097	黏结滑移	bond slip	
04.098	拔出试验	pull-out test	
04.099	换算截面	transformed section, converted section	
04.100	适筋梁	under-reinforced beam	
04.101	超筋梁	over-reinforced beam	
04.102	界限配筋梁	balanced reinforcement beam	又称"平衡配筋梁"。
04.103	少筋梁	low-reinforced beam	
04.104	等效矩形应力图	equivalent rectangular stress block	
04.105	受压区高度	depth of compressive zone	
04.106	截面有效高度	effective depth of section	
04.107	开裂弯矩	cracking moment	
04.108	屈服弯矩	yield moment	
04.109	极限弯矩	ultimate moment	
04.110	配筋率	reinforcement ratio, steel ratio	
04.111	最小配筋率	minimum steel ratio	
04.112	双筋截面	doubly reinforced section	
04.113	T形截面	tee section	
04.114	翼缘	flange	
04.115	有效翼缘宽度	effective width of flange	
04.116	腹板	web, web plate	
04.117	混凝土保护层	concrete cover	
04.118	斜裂缝	diagonal crack	
04.119	纵向钢筋	longitudinal reinforcement	
04.120	腹筋	web reinforcement	
04.121	箍筋	stirrup	
04.122	弯起钢筋	bent-up bar	

序 码	汉 文 名	英 文 名	注 释
04.123	集料咬合力	aggregate interlocking force	又称"骨料咬合力"。
04.124	销栓作用	dowel action	
04.125	斜拉破坏	diagonal tension failure	
04.126	剪压破坏	shear compression failure	
04.127	斜压破坏	diagonal compression failure	
04.128	剪跨比	shear span ratio	
04.129	配箍率	stirrup ratio	
04.130	抵抗弯矩图	resistance moment diagram	
04.131	钢筋充分利用点	fully-developed point of bar	
04.132	钢筋理论断点	theoretical cut-off point of bar	
04.133	延伸长度	development length	
04.134	锚固长度	anchorage length	
04.135	搭接长度	lap length	
04.136	弯矩塑性重分布	plastic redistribution of moment	
04.137	螺旋钢筋	spiral reinforcement	
04.138	附加偏心距	accidental eccentricity	
04.139	界限偏心距	balanced eccentricity	
04.140	偏心距增大系数	magnifying coefficient of eccentricity	
04.141	协调扭转	compatibility torsion	
04.142	平衡扭转	equilibrium torsion	
04.143	开裂扭矩	cracking torque	
04.144	抗扭塑性截面模量	plastic torque modulus of section	
04.145	极限扭矩	ultimate torque	
04.146	空间桁架模型	space-truss model	
04.147	短期刚度	short-term stiffness	
04.148	高跨比	depth-span ratio	
04.149	长期刚度	long-term stiffness	
04.150	裂缝控制	cracking control	
04.151	裂缝控制等级	classes for cracking control	
04.152	裂缝宽度	crack width	
04.153	裂缝间距	crack spacing	
04.154	钢筋约束区	confining region of reinforcement	
04.155	全预应力	full prestressing	
04.156	有限预应力	limited prestressing	
04.157	部分预应力	partial prestressing	

序　码	汉 文 名	英 文 名	注　释
04.158	锚具	anchorage	
04.159	螺丝端杆锚具	thread anchorage	
04.160	锥形锚具	conical wedge anchorage, cone anchorage	
04.161	镦头锚	button-head anchorage	
04.162	夹具	gripper	
04.163	套管	sheath	
04.164	孔道	duct	
04.165	无黏结预应力混凝土	unbonded prestressed concrete	
04.166	预应力损失	loss of prestress	
04.167	摩擦损失	frictional loss	
04.168	净截面	net section	
04.169	预应力传递长度	transmission length of prestress	
04.170	消压状态	state of decompression	
04.171	预应力反拱	prestressing camber	
04.172	等效荷载法	equivalent load method	

04.03　钢　结　构

序　码	汉 文 名	英 文 名	注　释
04.173	钢结构	steel structure	
04.174	轻型钢结构	lightweight steel structure	
04.175	冷弯型钢	cold-formed steel	
04.176	卷边角钢	lipped angle	
04.177	卷边槽钢	lipped channel	
04.178	压型钢板	profiled steel sheet	
04.179	螺栓连接	bolted connection	
04.180	铆钉连接	riveted connection	
04.181	焊接连接	welding connection	
04.182	搭接接头	lap connection	
04.183	对接接头	butt connection	
04.184	顶接接头	tee connection	
04.185	焊缝	weld seam, weld	
04.186	螺栓	bolt	
04.187	高强[度]螺栓	high strength bolt	
04.188	铆钉	rivet	
04.189	角焊缝	fillet weld	
04.190	焊趾	weld toe	

序　码	汉　文　名	英　文　名	注　释
04.191	焊根	weld root	
04.192	焊脚	weld leg	
04.193	塞焊缝	plug weld	
04.194	安装焊缝	erection weld	
04.195	断续焊缝	intermittent weld	
04.196	焊接应力	welding stress	
04.197	刨平边	planed edge	
04.198	剪切边	sheared edge	
04.199	焰切边	flame cut edge	
04.200	轧制边	rolled edge	
04.201	切角	cutting corner	
04.202	坡口	groove	
04.203	预热	preheat	
04.204	后热	postheat	
04.205	初始缺陷	initial imperfection	
04.206	强轴	major axis	
04.207	弱轴	minor axis	
04.208	弯曲屈曲	flexural buckling	
04.209	扭转屈曲	torsional buckling	
04.210	弯扭屈曲	torsional-flexural buckling	
04.211	实腹式柱	solid-webbed column	
04.212	等稳定设计	design of equal stability	
04.213	等强度设计	design of equal bearing capacity	
04.214	格构式构件	latticed members	
04.215	实轴	solid axis	
04.216	虚轴	dummy axis	
04.217	缀材	lattice strut	
04.218	缀条	lacing bar	
04.219	缀板	batten plate	
04.220	横隔	diaphragm	
04.221	靴梁	boot-beam plate	
04.222	柱脚	column base	
04.223	锚栓	anchor bolt	
04.224	加劲肋	stiffener	
04.225	腹板折曲	web crippling	
04.226	翼缘卷曲	flange curling	
04.227	冷弯效应	effect of cold work, effect of cold	

序　码	汉　文　名	英　文　名	注　释
		bending	
04.228	电阻点焊	resistance spot weld	
04.229	电弧点焊	arc spot weld	
04.230	膨胀铆钉	expansion rivet	
04.231	膨胀螺栓	expansion bolt	
04.232	紧固件	fastener	
04.233	盖板	covered plate	
04.234	支承板	bearing plate	
04.235	连接板	connecting plate	
04.236	节点板	gusset plate	
04.237	填板	filler plate	
04.238	加劲板	stiffening plate	
04.239	拼接板	splice plate	

04.04　木　结　构

序　码	汉　文　名	英　文　名	注　释
04.240	木结构	timber structure	
04.241	顺纹压力	compression parallel to grain	
04.242	横纹压力	compression perpendicular to grain	
04.243	斜纹	oblique to grain	
04.244	齿槽连接	notch and tooth joint	
04.245	保险螺栓	safety bolt	
04.246	螺栓连接	bolted joint	
04.247	钉连接	nailed joint	
04.248	销连接	dowelled joint	
04.249	键连接	keyed joint	
04.250	裂环连接	split ring connection	
04.251	胶连接	adhesion connection	
04.252	胶合接头	glued joint	
04.253	指接	finger joint	
04.254	斜搭接	scarf joint	
04.255	对接	butt joint	
04.256	承拉螺栓	tie bar, tie bolt	
04.257	安装螺栓	assembling bolt	

04.05　砌　体　结　构

序　码	汉　文　名	英　文　名	注　释
04.258	砌体结构	masonry structure	
04.259	砖砌体	brick masonry	

序　码	汉　文　名	英　文　名	注　释
04.260	石砌体	stone masonry	又称"砌石"。
04.261	砌块砌体	block masonry	
04.262	配筋砌体	reinforced masonry	
04.263	组合砖砌体	composite brick masonry	
04.264	网状配筋砌体	mesh-reinforced masonry	
04.265	房屋静力计算方案	static analysis scheme of building	
04.266	刚性方案	rigid scheme	
04.267	弹性方案	elastic scheme	
04.268	刚弹性方案	rigid-elastic scheme	
04.269	高厚比	ratio of height to thickness	
04.270	梁垫	template，bolster	

04.06　组　合　结　构

序　码	汉　文　名	英　文　名	注　释
04.271	组合结构	composite structure	
04.272	钢－混凝土组合板	steel-concrete composite slab	
04.273	钢－混凝土组合梁	steel-concrete composite beam	
04.274	钢－木组合屋架	steel-timber composite roof truss	
04.275	抗剪连接件	shear connector	
04.276	块式连接件	block-type connector	
04.277	界面受剪	interface shear	
04.278	型钢混凝土	steel reinforced concrete	
04.279	钢管混凝土	concrete filled steel tube	

05.　建　筑　结　构

05.01　建　筑　结　构

序　码	汉　文　名	英　文　名	注　释
05.001	建筑结构	building structure	又称"房屋结构"。
05.002	单层建筑	single-storey building	
05.003	多层建筑	multi-storey building	
05.004	高层建筑	tall building，highrise building	
05.005	大跨度结构	large-span structure，long-span	

序　码	汉　文　名	英　文　名	注　释
		structure	
05.006	金属结构	metal structure	
05.007	混合结构	mixed structure	
05.008	杂交结构	hybrid structure	
05.009	地下结构	substructure	
05.010	地上结构	superstructure	
05.011	格构结构	latticed structure	
05.012	薄壁结构	thin-wall structure	
05.013	杆系结构	bar structure, skeleton structure	
05.014	板柱结构	slab-column structure	
05.015	跨度	span	
05.016	矢高	rise	
05.017	平面结构	plane structure	
05.018	框架	frame, skeleton	
05.019	排架	bent	
05.020	门式刚架	portal frame	
05.021	剪力墙	shear wall, structural wall	又称"结构墙"。
05.022	双肢剪力墙	coupled shear wall	
05.023	框架－剪力墙	frame-shear wall	
05.024	框支剪力墙	frame supported shear wall	
05.025	壁式框架	wall frame	
05.026	筒体	tube	
05.027	框筒	frame-tube	
05.028	筒中筒	tube-in-tube	
05.029	束筒	bundled tube	

05.02　空　间　结　构

序　码	汉　文　名	英　文　名	注　释
05.030	空间结构	space structure, spatial structure	
05.031	薄壳	thin shell	
05.032	扁壳	shallow shell	
05.033	旋转壳	revolutionary shell, rotational shell	
05.034	平移壳	translational shell	
05.035	球壳	spherical shell	
05.036	穹顶	dome, vault	
05.037	圆柱壳	cylindrical shell, barrel vault	又称"筒壳"。
05.038	锥壳	conical shell	
05.039	劈锥壳	conoid shell	

序　码	汉　文　名	英　文　名	注　释
05.040	椭圆抛物面壳	elliptic paraboloid shell	
05.041	双曲扁壳	double curvature shallow shell	
05.042	双曲抛物面壳	hyperbolic paraboloid shell, hypar shell	又称"扭壳"。
05.043	空间构架	space frame	又称"空间网格结构"。
05.044	网架	space truss, space grid	
05.045	双层网架	double layer grid	
05.046	三层网架	triple layer grid	
05.047	两向网架	two-way latticed grid	
05.048	三向网架	three-way latticed grid	
05.049	三角锥网架	triangular pyramid space grid	
05.050	四角锥网架	square pyramid space grid	
05.051	组合网架	composite space truss	
05.052	网格	grid module	
05.053	网壳	latticed shell, reticulated shell	
05.054	联方网格	lamella	
05.055	短程线穹顶	geodesic dome	
05.056	张拉结构	tension structure, tensile structure	
05.057	悬挂结构	suspension structure	
05.058	悬索结构	cable-suspended structure	
05.059	斜拉索结构	cable-stayed structure	
05.060	索网	cable network	
05.061	索桁架	cable truss	
05.062	拱度	rise	
05.063	垂度	sag	
05.064	膜结构	membrane structure	
05.065	充气结构	pneumatic structure, air-inflated structure	
05.066	悬挂膜结构	suspended membrane structure	

05.03　构件及部件

序　码	汉　文　名	英　文　名	注　释
05.067	构件	member	
05.068	承重构件	load-bearing member	
05.069	部件	component	
05.070	单向板	one-way slab	
05.071	双向板	two-way slab	

序 码	汉 文 名	英 文 名	注 释
05.072	空心板	hollow slab	
05.073	槽形板	channel slab	
05.074	大型屋面板	large roof slab, large panel roof slab	
05.075	金属铺板	metal deck	
05.076	主梁	main beam, girder	
05.077	次梁	secondary beam	
05.078	檩条	purlin	
05.079	椽[子]	rafter	
05.080	搁栅	joist	
05.081	井字梁	grillage beam	
05.082	过梁	lintel	
05.083	圈梁	ring beam	
05.084	连系梁	tie beam	
05.085	边梁	edge beam	
05.086	曲梁	curved beam	
05.087	深梁	deep girder, deep beam	
05.088	托梁	spandrel girder, spandrel beam	
05.089	基础梁	foundation beam	
05.090	弹性地基梁	beam on elastic foundation	
05.091	格构梁	latticed girder	
05.092	空腹梁	open web girder, Vierendeel girder	
05.093	加腋梁	haunched beam	
05.094	加劲梁	stiffening beam	
05.095	板梁	plate girder	
05.096	吊车梁	crane girder	
05.097	薄腹梁	thin web girder	
05.098	矩形梁	rectangular beam	
05.099	工字[形]梁	I-beam	
05.100	T形梁	T-beam	
05.101	槽形梁	channel beam	
05.102	箱形梁	box girder	
05.103	花篮梁	ledger beam	
05.104	矩形柱	rectangular column	
05.105	H形柱	H-column	又称"工字[形]柱"。
05.106	圆柱	circular column	

序　码	汉文名	英文名	注　释
05.107	管柱	tubular column	
05.108	双肢柱	coupled column	
05.109	阶形柱	stepped column	
05.110	楔形柱	tapered column	
05.111	格构柱	latticed column	
05.112	组合柱	composite column	
05.113	墩	pier	
05.114	支柱	pillar, post	
05.115	壁柱	pilaster	
05.116	扶壁	buttress	
05.117	墙	wall	
05.118	承重墙	bearing wall	
05.119	非承重墙	non-bearing wall	
05.120	隔墙	partition wall	
05.121	填充墙	filler wall, infilled wall	
05.122	大型墙板	large panel wall	
05.123	山墙	gable, gable wall	
05.124	楼板	floor	
05.125	梁式楼板	beam and slab floor	
05.126	无梁楼板	flat slab floor, flat floor	
05.127	密肋楼板	ribbed slab, waffle slab	
05.128	升板结构	lift slab structure	
05.129	屋盖	roof	又称"屋顶"。
05.130	屋架	roof truss	
05.131	托架	supporting truss	
05.132	人字屋架	gable roof truss	
05.133	三角形屋架	triangular roof truss	
05.134	梯形屋架	trapezoidal roof truss	
05.135	拱形屋架	arch roof truss, bowstring roof truss	
05.136	折线形屋架	segmental roof truss	
05.137	锯齿形屋架	saw-tooth roof truss	
05.138	豪氏桁架	Howe truss	
05.139	芬克桁架	Fink truss	
05.140	普拉特桁架	Pratt truss	
05.141	华伦桁架	Warren truss	
05.142	上承式桁架	deck truss	
05.143	空腹桁架	Vierendeel truss	

序　码	汉　文　名	英　文　名	注　　释
05.144	天窗架	skylight frame	
05.145	拱顶	crown	
05.146	拱脚	springing	
05.147	拱座	abutment, arch support	

05.04　连接与构造

序　码	汉　文　名	英　文　名	注　　释
05.148	连接	connection	
05.149	垫板	tie plate, bearing plate, bearing pad	
05.150	加腋	haunch	
05.151	牛腿	bracket, corbel	
05.152	柱帽	capital	
05.153	上弦	top chord, upper chord	
05.154	下弦	bottom chord, lower chord	
05.155	腹杆	web member	
05.156	竖杆	vertical member	
05.157	斜杆	diagonal member	
05.158	再分杆	intermediate diagonal, subdivided member	
05.159	支撑	bracing	
05.160	角撑	knee bracing	又称"隅撑"。
05.161	剪刀撑	cross bracing	
05.162	柱间支撑	column bracing	
05.163	屋盖支撑	roof bracing	
05.164	系杆	tie rod, tie bar	
05.165	吊杆	hanger rod	
05.166	起拱	camber	
05.167	十字节点板	cruciform gusset plate	
05.168	焊接［空心］球节点	welded spherical node, welded-hollow spherical node	
05.169	螺栓球节点	bolted spherical node	
05.170	支座	support	
05.171	铰支座	hinged support	
05.172	固定支座	fixed support, fixed bearing	
05.173	弹性支座	elastic support	
05.174	预埋件	embedded parts	
05.175	锚固	anchor	

序　码	汉　文　名	英　文　名	注　　释
05.176	变形缝	deformation joint	
05.177	伸缩缝	expansion joint	
05.178	沉降缝	settlement joint	
05.179	施工缝	construction joint	
05.180	防震缝	aseismic joint, earthquake proof joint	

05.05　特种工程结构

序　码	汉　文　名	英　文　名	注　　释
05.181	特种工程结构	special engineering structure	又称"构筑物"。
05.182	高耸结构	tall and slender structure	
05.183	烟囱	chimney, stack	
05.184	贮液池	reservoir	
05.185	水塔	water tower	
05.186	电视塔	television tower	
05.187	冷却塔	cooling tower	
05.188	输电[线路]塔	transmission tower, transmission line tower	又称"拉线塔"。
05.189	桅杆	guyed mast	
05.190	水槽	water trough	
05.191	筒仓	silo	
05.192	斗仓	bunker	
05.193	料斗	hopper	

06.　桥　梁　工　程

06.01　桥梁总体规划与设计

序　码	汉　文　名	英　文　名	注　　释
06.001	桥位	bridge site, bridge location	又称"桥址"。
06.002	洪水位	flood water level	
06.003	常水位	ordinary water level, OWL, mean water level	
06.004	枯水位	low water level, LWL	
06.005	通航水位	navigational water level	
06.006	设计水位	design water level	
06.007	设计流量	design discharge	

序 码	汉 文 名	英 文 名	注 释
06.008	设计流速	design velocity of flow, design current velocity	
06.009	通航净空	navigational clearance	
06.010	跨度	span, span-length	又称"跨径"。
06.011	冲刷	scouring	
06.012	壅水高度	height of backwater	
06.013	导流结构物	diversion structure	
06.014	锥形护坡	truncated cone banking	
06.015	桥面标高	elevation of bridge deck	
06.016	基础埋置深度	embedded depth of foundation	
06.017	经济跨度	economic span, economic span-length	又称"经济跨径"。
06.018	主桥	main bridge	
06.019	引桥	approach bridge	
06.020	桥梁建筑高度	construction height of bridge	
06.021	中央分隔带	central separator, central mall	
06.022	护轮带	guard belt	
06.023	桥面纵坡	deck profile grade	
06.024	预拱度	pre-camber	
06.025	桥面横坡	transverse slope of bridge deck	
06.026	主孔	main span	又称"主跨"。
06.027	中孔	mid span, center span	又称"中跨"。
06.028	边孔	side span	又称"边跨"。
06.029	桥面净空	horizontal and vertical clearance above bridge deck	又称"桥面限界"。
06.030	桥轴线	bridge axis	

06.02 桥 梁 类 型

序 码	汉 文 名	英 文 名	注 释
06.031	铁路桥	railway bridge	
06.032	公路桥	highway bridge	
06.033	城市道路桥	urban road bridge	
06.034	人行桥	pedestrian bridge, foot bridge	
06.035	高架桥	viaduct	
06.036	跨线桥	overcrossing, overpass bridge	
06.037	立交桥	grade separation bridge	
06.038	轻轨交通桥	rapid transit bridge	
06.039	军用桥	military bridge	

序　码	汉　文　名	英　文　名	注　释
06.040	施工便桥	service bridge, temporary bridge for construction	
06.041	固定桥	fixed bridge	
06.042	活动桥	movable bridge	又称"开启桥"。
06.043	舟桥	boat bridge, pontoon bridge, bateau bridge	又称"浮桥"。
06.044	闸［门］桥	water gate bridge	
06.045	漫水桥	submergible bridge	
06.046	斜交桥	skewed bridge	
06.047	弯桥	curved bridge	又称"曲线桥"。
06.048	梁式桥	girder bridge, beam bridge	
06.049	简支梁桥	simply supported girder bridge	
06.050	悬臂梁桥	cantilever girder bridge	
06.051	连续梁桥	continuous girder bridge	
06.052	连续刚构桥	continuous rigid frame bridge	
06.053	桁架桥	truss bridge	
06.054	结合梁桥	composite girder bridge	又称"叠合梁桥"。
06.055	板桥	slab bridge	
06.056	空心板桥	hollow slab bridge	
06.057	箱梁桥	box girder bridge	
06.058	脊骨梁桥	spine girder bridge	
06.059	拱桥	arch bridge	
06.060	双曲拱桥	two-way curved arch bridge	
06.061	实腹拱桥	solid arch bridge	
06.062	空腹拱桥	open spandrel arch bridge	
06.063	拱片桥	arch slice bridge	
06.064	肋拱桥	ribbed arch bridge	
06.065	桁架拱桥	trussed arch bridge	
06.066	箱形拱桥	box arch bridge	
06.067	刚架拱桥	rigid framed arch bridge	
06.068	系杆拱桥	tied arch bridge	
06.069	组合体系拱桥	combined system arch bridge	
06.070	刚架桥	rigid frame bridge	又称"刚构桥"。
06.071	T 形刚架桥	T-shaped rigid frame bridge	
06.072	斜腿刚架桥	rigid frame bridge with inclined legs, slant-legged rigid frame bridge	

序 码	汉 文 名	英 文 名	注 释
06.073	斜拉桥	cable-stayed bridge	又称"斜张桥"。
06.074	单索面斜拉桥	cable-stayed bridge with single cable plane	
06.075	独塔式斜拉桥	cable-stayed bridge with single pylon	
06.076	斜索面斜拉桥	cable-stayed bridge with inclined cable plane	
06.077	混合桥面斜拉桥	cable-stayed bridge with mixed deck	
06.078	过渡孔	transition span	
06.079	框架梁	Vierendeel girder	
06.080	朗格尔梁	Langer girder	
06.081	悬索桥	suspension bridge	又称"吊桥"。
06.082	双链式悬索桥	double chain suspension bridge	
06.083	自锚式悬索桥	self-anchored suspension bridge	
06.084	斜拉－悬索组合体系桥	hybrid cable-supported bridge system	
06.085	悬带桥	suspended ribbon bridge	
06.086	木桥	timber bridge	
06.087	木排架桥	timber trestle bridge	
06.088	木撑架桥	timber strut framed bridge	
06.089	石拱桥	stone arch bridge	
06.090	圬工拱桥	masonry arch bridge	
06.091	预弯梁桥	preflex girder bridge	
06.092	钢桥	steel bridge	
06.093	栓焊钢桥	welded and high strength bolted steel bridge, bolted and welded steel bridge	
06.094	钢板梁桥	steel plate girder bridge	
06.095	钢桁梁桥	steel truss girder bridge	
06.096	敞口式桥	open bridge	
06.097	正交异性钢桥面	orthotropic steel bridge deck	
06.098	上承式桥	deck bridge	
06.099	中承式桥	half-through bridge	
06.100	下承式桥	through bridge	

序 码	汉 文 名	英 文 名	注 释

06.03　桥 梁 设 计

06.101	换算均布活载	equivalent uniform live load	
06.102	荷载标准值	standard load	
06.103	荷载设计值	design load	
06.104	验算荷载	checking load	
06.105	附加荷载	supplementary load	
06.106	离心力	centrifugal force	
06.107	冲击力	impact force	
06.108	制动力	braking force	
06.109	横向摇摆力	transverse rocking force	
06.110	流水压力	flowing water pressure	
06.111	支座摩阻力	friction of bearing	
06.112	冻胀力	frost heaving force	
06.113	浮力	buoyancy, buoyancy force	
06.114	荷载组合	load combination	
06.115	船舶撞击力	ship collision force	
06.116	人群荷载	pedestrian load	
06.117	荷载横向分布	transverse load distribution	
06.118	杠杆原理	lever principle	
06.119	偏心受压法	eccentric compression method	
06.120	铰接板法	transversely hinge-connected slab method	
06.121	刚接梁法	rigid-connected beam method	
06.122	比拟正交异性板法	quasi-orthotropic plate method	
06.123	横截面畸变	distortion of cross section	
06.124	弹性地基梁比拟法	analogy method for beam on elastic foundation	
06.125	桁架比拟法	truss analogy method	
06.126	吻合索	concordant tendon	
06.127	矢跨比	rise-span ratio	
06.128	拱轴系数	arch axis coefficient	
06.129	宽跨比	width-span ratio	
06.130	高跨比	depth-span ratio	
06.131	恒载压力线	dead load thrust line	
06.132	假载法	pseudo-load method	

序码	汉文名	英文名	注释
06.133	二阶理论	second order theory	
06.134	有限位移理论	finite displacement theory	
06.135	挠度理论	deflection theory	
06.136	预留活载发展系数	preserved live load increasing factor	
06.137	活载发展均衡系数	balancing factor for increasing live load	
06.138	桥门架效应	portal frame effect	
06.139	弹性支承连续梁法	elastically supported continuous girder method	
06.140	抗风稳定性	wind-resistant stability, aerodynamic stability	又称"空气动力稳定性"。
06.141	颤振	flutter	
06.142	颤振临界风速	critical wind speed of flutter	
06.143	驰振	galloping	
06.144	抖振	buffeting	
06.145	涡致振动	vortex-induced vibration	
06.146	轮对蛇行	taking turns in S-shaped motion	
06.147	非保向力效应	non-orienting force effect	
06.148	风嘴	fairing	
06.149	空格桥面	grid deck	

06.04 桥梁上部结构

序码	汉文名	英文名	注释
06.150	主梁	main girder	
06.151	横梁	cross beam, floor beam	
06.152	纵梁	stringer, longitudinal beam	
06.153	横隔板	diaphragm	
06.154	桥头搭板	transition slab, approach slab, bridge end transition slab	
06.155	栏杆	handrail	
06.156	防撞墙	anti-collision wall	
06.157	桥面板	bridge deck slab	
06.158	人行道板	side walk slab	
06.159	承托	haunch	
06.160	剪力铰	shear hinge	
06.161	挂孔	suspended span	
06.162	湿接头	wet joint	又称"湿缝"。

序 码	汉 文 名	英 文 名	注 释
06.163	干接头	dry joint	又称"干缝"。
06.164	锚垫板	anchor plate	
06.165	锚垫圈	washer shim	
06.166	纤维增强塑料筋	fiber reinforced plastic rod	
06.167	体外预应力索	external prestressing tendon	
06.168	微弯板	slab with slightly curved bottom	
06.169	桥塔	tower, pylon	
06.170	索鞍	cable saddle	
06.171	索夹	cable clamp	
06.172	吊索	suspender	又称"吊杆"。
06.173	主索	main cable	又称"主缆"。
06.174	锚碇	anchorage	
06.175	桥面铺装	bridge deck pavement	
06.176	桥面排水	bridge deck drainage	
06.177	防水层	waterproofing, waterproof layer	
06.178	支座	bearing	
06.179	梳形板	comb plate, comb joint	
06.180	盆式支座	pot bearing	
06.181	橡胶支座	rubber bearing	
06.182	滚轴支座	roller bearing	
06.183	摆轴支座	pendulum bearing	
06.184	球面支座	spherical bearing	
06.185	上平联	top lateral bracing	
06.186	下平联	bottom lateral bracing	
06.187	横联	cross bracing	
06.188	剪力器	shear connector	又称"抗剪连接件"。
06.189	栓钉	stud	又称"大头钉"。
06.190	桥面系	bridge floor system	
06.191	锚跨	anchor span	

06.05 桥梁下部结构

序 码	汉 文 名	英 文 名	注 释
06.192	桥墩	bridge pier	
06.193	柔性墩	flexible pier	
06.194	制动墩	braking pier	
06.195	单向推力墩	one-way anti-thrust pier, single direction thrusted pier	
06.196	墩帽	pier cap	

序　码	汉　文　名	英　文　名	注　释
06.197	墩身	pier shaft, pier body	
06.198	桥台	bridge abutment	
06.199	重力式桥台	gravity type abutment	
06.200	U形桥台	U-abutment	
06.201	八字形桥台	abutment with flare wing wall	
06.202	埋置式桥台	embedded abutment, buried abut-ment	
06.203	翼墙	wing wall	
06.204	前墙	front wall, breast wall	又称"胸墙"。
06.205	侧墙	side wall	又称"边墙"。
06.206	耳墙	cantilevered wing wall	
06.207	扶壁式桥台	abutment with counterfort, but-tressed abutment	
06.208	轻型桥台	light abutment	
06.209	台帽	abutment cap	
06.210	台身	body of abutment	
06.211	承台	platform	
06.212	盖梁	bent cap	又称"帽梁"。
06.213	锚墩	anchor pier	
06.214	辅助墩	auxiliary pier	
06.215	低承台桩基	embedded footing on piles, low capped pile foundation	又称"低桩承台"。
06.216	高承台桩基	elevated footing on piles, high capped pile foundation	又称"高桩承台"。
06.217	基坑	foundation pit	
06.218	围堰	cofferdam	
06.219	沉井	open caisson	
06.220	刃脚	cutting edge	

06.06　桥　梁　施　工

序　码	汉　文　名	英　文　名	注　释
06.221	节段施工法	segmental construction method	
06.222	无支架施工	erection without scaffolding	
06.223	顶推法施工	incremental launching method	
06.224	转体施工法	construction by swing	
06.225	纵向拖拉法	erection by longitudinal pulling	
06.226	浮运架桥法	bridge erection by floating, erection by floating	

序　码	汉　文　名	英　文　名	注　　释
06.227	合龙	closure	
06.228	平衡悬臂施工	balanced cantilever construction	
06.229	悬臂浇注	free cantilever casting	简称"悬浇"。
06.230	悬臂拼装	free cantilever erection	简称"悬拼"。
06.231	导梁	launching nose	
06.232	滑升模板	slipform	简称"滑模"。
06.233	爬升模板	climbing form	简称"爬模"。
06.234	提升模板	lifting form	
06.235	落梁	lowering of girder	
06.236	就位	positioning	
06.237	扭力板手	torque spanner, torque wrench	
06.238	万能杆件	universal member	
06.239	门式吊机	gantry	
06.240	蝴蝶架	butterfly-type frame	
06.241	扇形支架	fan-type support	
06.242	浮式起重机	floating crane	简称"浮吊"。
06.243	挂篮	basket, traveller	
06.244	架桥机	bridge-erection crane	
06.245	机器样板	template with machined bushings	
06.246	组装胎型	assembly jig	
06.247	施工步道	catwalk	俗称"猫道"。

07. 城市道路工程

序　码	汉　文　名	英　文　名	注　　释

07.01　道路类别

序　码	汉　文　名	英　文　名	注　　释
07.001	道路	road	
07.002	道路工程	road engineering	
07.003	城市道路	urban road	
07.004	街道	street	
07.005	郊区道路	suburban road	
07.006	快速路	expressway	
07.007	主干路	arterial road	
07.008	次干路	secondary trunk road	
07.009	支路	branch road	

序　码	汉　文　名	英　文　名	注　释
07.010	辅路	auxiliary road, relief road	
07.011	放射路	radial road	
07.012	环路	ring road	
07.013	商业街	business street	
07.014	步行街	pedestrian street	

07.02　道　路　组　成

序　码	汉　文　名	英　文　名	注　释
07.015	路幅	roadway	
07.016	车行道	carriageway	
07.017	机动车道	motor carriageway	
07.018	非机动车道	non-motor carriageway, non-motorized vehicle lane	
07.019	人行道	side walk, pedestrian walk	
07.020	车道	lane	
07.021	变速车道	speed change lane	
07.022	加速车道	acceleration lane	
07.023	减速车道	deceleration lane	
07.024	集散车道	collector-distributor lane	
07.025	公交[专用]车道	bus lane	
07.026	路侧带	curb side strip	
07.027	分隔带	separator	
07.028	路缘带	marginal strip	
07.029	[路]缘石	curb	
07.030	缘石坡道	curb ramp	
07.031	盲道	side walk for the blind	
07.032	道路交叉	road intersection	
07.033	平面交叉	at-grade intersection, grade crossing	
07.034	十字形交叉	cross intersection, cross road	
07.035	丁字形交叉	T-intersection	又称"T形交叉"。
07.036	环形交叉	roundabout, rotary intersection	
07.037	多路交叉	multiple intersection	
07.038	入口	entrance	
07.039	出口	exit	
07.040	交通岛	traffic island	
07.041	导流岛	channelization island	

序 码	汉 文 名	英 文 名	注 释
07.042	中心岛	center island	
07.043	环岛	rotary island	
07.044	立体交叉	grade separation	简称"立交"。
07.045	分离式立体交叉	separate grade crossing	简称"分离式立交"。
07.046	互通式立体交叉	interchange	简称"互通式立交"。
07.047	苜蓿叶形立体交叉	clover-leaf interchange	简称"苜蓿叶形立交"。
07.048	菱形立体交叉	diamond interchange	简称"菱形立交"。
07.049	喇叭形立体交叉	trumpet interchange	简称"喇叭形立交"。
07.050	环形立体交叉	rotary interchange	简称"环形立交"。
07.051	定向式立体交叉	directional interchange	简称"定向式立交"。
07.052	直行车道	direct-through lane	
07.053	左转〔弯〕车道	left-turn lane	
07.054	右转〔弯〕车道	right-turn lane	
07.055	匝道	ramp	

07.03 道 路 交 通

序 码	汉 文 名	英 文 名	注 释
07.056	交通组成	traffic composition	
07.057	交通流	traffic flow	
07.058	车流	vehicle flow, vehicle stream	
07.059	交通量	traffic volume	
07.060	平均日交通量	average daily traffic, ADT, average daily traffic volume	
07.061	年平均日交通量	annual average daily traffic, AADT, annual average daily traffic volume	
07.062	高峰小时交通量	peak hour volume	
07.063	诱增交通量	induced traffic volume, induced traffic	
07.064	小客车〔交通量〕单位	passenger car unit, pcu	
07.065	通行能力	capacity	
07.066	饱和度	degree of saturation	
07.067	〔道路〕服务水平	level of service	
07.068	交通密度	traffic density	
07.069	车头时距	time headway	

序　码	汉　文　名	英　文　名	注　释
07.070	车头间距	space headway	
07.071	延误	delay	
07.072	行驶速度	running speed	
07.073	运行速度	operating speed	
07.074	区间速度	overall travel speed	
07.075	点速度	spot speed	
07.076	交通规划	traffic planning	
07.077	出行	trip	
07.078	出行生成	trip generation	
07.079	出行分布	trip distribution	
07.080	交通方式划分	modal split, traffic modal split	
07.081	交通[量]分配	traffic assignment	
07.082	交通调查	traffic survey	
07.083	交通量调查	traffic volume survey	
07.084	起迄点调查	origin-destination survey, origin-destination study	又称"OD 调查"。
07.085	交通量预测	traffic volume forecast, traffic volume prognosis	
07.086	道路网密度	density of road network	
07.087	道路面积率	road area ratio	
07.088	人均道路面积	road area per capita	
07.089	客运交通	passenger traffic	
07.090	货运交通	freight traffic	
07.091	公共交通	public transport	
07.092	过境交通	through traffic	
07.093	[交通]渠化	channelization	
07.094	分流	diverging	
07.095	合流	merging	
07.096	交织	weaving	
07.097	交通管理设施	traffic management device	
07.098	交通标志	traffic sign	
07.099	标志牌	sign board	
07.100	可变信息标志	changeable message sign	
07.101	反光标志	reflecting sign	
07.102	反光路钮	reflecting button	
07.103	路面标线	pavement marking, road marking	
07.104	车行道边[缘]	edge line of carriageway	

序　码	汉　文　名	英　文　名	注　释
	线		
07.105	车行道中[心]线	center line of carriageway	
07.106	停止线	stop line	
07.107	人行横道	cross walk	
07.108	交通控制	traffic control	
07.109	单行路	one-way road	
07.110	无信号控制交叉口	unsignalized intersection	
07.111	信号控制交叉口	signalized intersection	
07.112	信号周期	signal cycle	
07.113	绿信比	split, green ratio	
07.114	定周期交通信号	fixed cycle signal	
07.115	交通监控系统	traffic surveillance and control system	

07.04 道 路 线 形

序　码	汉　文　名	英　文　名	注　释
07.116	道路用地线	right-of-way line	
07.117	规划中线	planning center line	
07.118	道路中线	center line of road	
07.119	道路线形	road alignment	
07.120	平面线形	horizontal alignment	
07.121	平曲线	horizontal curve	
07.122	平曲线半径	radius of horizontal curve	
07.123	圆曲线	circular curve	
07.124	复曲线	compound curve	
07.125	缓和曲线	transition curve, easement curve	
07.126	同向曲线	same direction adjacent curve, adjacent curve in one direction	
07.127	反向曲线	reverse curve	
07.128	平曲线加宽	curve widening	
07.129	纵面线形	vertical alignment	
07.130	纵坡	longitudinal gradient	
07.131	最大纵坡	maximum longitudinal gradient	
07.132	最小纵坡	minimum longitudinal gradient	
07.133	竖曲线	vertical curve	
07.134	横断面	cross section	

序 码	汉 文 名	英 文 名	注 释
07.135	断面渐变段	transition zone of cross section	
07.136	加宽缓和段	transition zone of curve widening	
07.137	横坡	cross slope	
07.138	路拱曲线	crown curve, camber curve	
07.139	超高	superelevation	
07.140	视距	sight distance	
07.141	停车视距	stopping sight distance	
07.142	超车视距	overtaking sight distance	

07.05 道 路 设 计

序 码	汉 文 名	英 文 名	注 释
07.143	道路技术标准	road technical standard	
07.144	设计车辆	design vehicle	
07.145	设计[使用]年限	design life	
07.146	设计小时交通量	design hourly volume, DHV	
07.147	计算行车速度	design speed	又称"设计车速"。
07.148	比较线	alternative line	
07.149	选线	route selection	
07.150	定线	line location	
07.151	控制点	control point	
07.152	线形设计	alignment design	
07.153	平面设计	plane design	
07.154	控制高程	control elevation	
07.155	设计高程	design elevation	
07.156	竖向设计	vertical design	
07.157	纵断面设计	profile design	
07.158	横断面设计	cross section design	
07.159	路面宽度	pavement width	
07.160	车道宽度	lane width	
07.161	单幅路	single carriageway road	
07.162	双幅路	dual carriageway road	
07.163	三幅路	triple carriageway road	
07.164	四幅路	quadri-carriageway road	
07.165	道路建筑限界	boundary line of road construction	
07.166	路基设计	subgrade design	
07.167	毛细水	capillary water	
07.168	盲沟设计	blind ditch design, blind drain de-	

序　码	汉　文　名	英　文　名	注　释
		sign	
07.169	路面结构设计	pavement structure design	
07.170	标准轴载	standard axle load	
07.171	轮胎接触面积	tyre contact area	
07.172	设计弯沉值	design deflection value	
07.173	回弹弯沉	rebound deflection	
07.174	路面摩擦系数	surface friction coefficient	
07.175	交叉口设计	road crossing design, intersection design	
07.176	排水设计	drainage design	
07.177	管线综合设计	underground pipelines comprehensive design	
07.178	土方调配	cut-fill transition	

07.06　路　基　路　面

序　码	汉　文　名	英　文　名	注　释
07.179	路基	subgrade	
07.180	挖方	cut, excavation	
07.181	填方	fill	
07.182	压实度	degree of compaction	
07.183	路面	pavement	
07.184	路面结构	pavement structure	
07.185	刚性路面	rigid pavement	
07.186	柔性路面	flexible pavement	
07.187	水泥混凝土路面	cement concrete pavement	
07.188	沥青混凝土路面	bituminous concrete pavement, asphalt concrete pavement	
07.189	沥青路面	bituminous pavement, asphalt pavement	
07.190	面层	surface course	
07.191	基层	base course	
07.192	底基层	subbase, subbase course	
07.193	垫层	bed course, sublayer	
07.194	半刚性基层	semi-rigid base course, semi-rigid base	
07.195	稳定土基层	stabilized soil base course, stabilized soil base	
07.196	水泥土基层	cement-soil base course, cement-	

序 码	汉 文 名	英 文 名	注 释
		soil base	
07.197	石灰土基层	lime-soil base course, lime-soil base	
07.198	石灰粉煤灰砂砾基层	lime-flyash-sand gravel base course, lime-flyash-sand gravel base	
07.199	石灰粉煤灰碎石基层	lime-flyash-crushed stone base course, lime-flyash-crushed stone base	
07.200	工业废渣基层	industrial waste base course, industrial waste base	
07.201	磨耗层	wearing course	
07.202	联结层	binder course	
07.203	隔水层	water insulation course, aquitard	
07.204	隔温层	thermal insulation course	
07.205	路面平整度	surface evenness	
07.206	路面粗糙度	surface roughness	
07.207	胀缝	expansion joint	
07.208	缩缝	contraction joint	
07.209	传力杆	dowel bar	

07.07 道路附属设施

序 码	汉 文 名	英 文 名	注 释
07.210	人行天桥	pedestrian overcrossing	
07.211	人行地道	pedestrian underpass	
07.212	交通安全设施	traffic safety facilities	
07.213	安全岛	refuge island, safety island	
07.214	分隔设施	separate facilities	
07.215	护栏	guard rail	
07.216	护坡	slope protection	
07.217	防护栅	safety fence, guard fence	
07.218	防眩屏	anti-glare screen, anti-dazzling screen	
07.219	噪声	noise	
07.220	隔声屏障	acoustic barrier, noise barrier	
07.221	公交车站	bus station, bus stop	
07.222	公交[车辆]港湾式停靠站	bus bay	

序　码	汉 文 名	英 文 名	注　释
07.223	广场	square	
07.224	停车场	parking lot, parking area	

07.08　道 路 养 护

07.225	路况调查	road condition survey	
07.226	路面评价	pavement evaluation	
07.227	道路养护	road maintenance	
07.228	大修	heavy maintenance	
07.229	中修	intermediate maintenance	
07.230	路面补强	pavement strengthening	
07.231	罩面	overlay	
07.232	裂缝	crack	
07.233	反射裂缝	reflection crack	
07.234	网裂	net-shaped crack	
07.235	翻浆	frost boiling	
07.236	冻胀	frost heaving	
07.237	拱胀	blow up	
07.238	路面沉陷	pavement depression	
07.239	路面变形	surface deformation	
07.240	路面松散	surface loosening	
07.241	坑槽	pot holes	
07.242	搓板	corrugation	
07.243	车辙	rut	
07.244	板端错台	faulting of slab ends	

07.09　道 路 试 验

07.245	击实试验	compaction test	
07.246	承载板试验	plate-bearing test, loading plate test	
07.247	弯沉试验	deflection test	
07.248	劈裂试验	splitting test	
07.249	车辙试验	wheel tracking test	
07.250	石料裹覆试验	stone coating test	
07.251	集料剥落试验	stripping test for aggregate	
07.252	马歇尔稳定度试验	Marshall stability test	
07.253	冻融试验	freezing and thawing test	

序　码	汉文名	英　文　名	注　释
07.254	击实仪	compaction test apparatus	
07.255	路面平整度测定仪	viameter, profilometer	

07.10　道路配合工程

序　码	汉文名	英　文　名	注　释
07.256	道路照明	road lighting	
07.257	照度	illuminance	
07.258	亮度	luminance	
07.259	地下管线	underground pipelines	
07.260	雨水管道	storm sewer	
07.261	雨水口	inlet	
07.262	排水泵站	drainage pumping station	
07.263	污水管道	sewer	
07.264	给水管道	water pipeline	
07.265	燃气管道	gas pipeline	
07.266	供热管道	heat-supply pipeline	
07.267	电力线	power line	
07.268	电话线	telephone line	
07.269	综合管道	composite duct	
07.270	道路绿化	road planting	
07.271	行道树	street trees	
07.272	绿篱	hedge, living fence	

08.　铁　路　工　程

序　码	汉文名	英　文　名	注　释

08.01　铁　　路

序　码	汉文名	英　文　名	注　释
08.001	铁道	railway, railroad	又称"铁路"。
08.002	标准轨距	standard gauge	
08.003	宽轨	broad gauge	
08.004	窄轨	narrow gauge	
08.005	高速铁路	high speed railway	
08.006	高速列车	high speed train	
08.007	重载铁路	heavy haul railway	
08.008	重载列车	heavy haul train	

序　码	汉　文　名	英　文　名	注　释
08.009	城市铁路	city railway, urban railway	
08.010	市郊铁路	suburban railway	
08.011	轻轨铁路	light rail	
08.012	高架铁路	elevated railway	
08.013	山区铁路	mountain railway	
08.014	国家路网铁路	railway of national network	
08.015	地方铁路	local railway	
08.016	单线铁路	single track railway	
08.017	双线铁路	double track railway	
08.018	电气化铁路	electrified railway	

08.02 车　　站

序　码	汉　文　名	英　文　名	注　释
08.019	车站	station	
08.020	客运站	passenger station	
08.021	货运站	freight station	
08.022	中间站	intermediate station	
08.023	区段站	district station	
08.024	编组站	marshalling station, marshalling yard	
08.025	会让站	passing station	
08.026	枢纽	terminal	
08.027	站坪	station site	
08.028	站场	station yard	
08.029	站台	platform	
08.030	联轨站	junction station	
08.031	交接站	delivery-receiving station	
08.032	国境站	frontier station	
08.033	尽端式站台	end platform	
08.034	货位	freight section, goods section	
08.035	货区	freight area	
08.036	候车室	waiting room	
08.037	行包房	luggage and parcel house	
08.038	运转室	traffic operation office	
08.039	站调楼	yard controller's tower	
08.040	电气集中信号楼	signal box for electrical interlocking	
08.041	天桥	over-bridge, passenger foot-bridge	
08.042	车挡	bumper post	

序 码	汉 文 名	英 文 名	注 释

08.03 站 场

序 码	汉 文 名	英 文 名	注 释
08.043	车场	yard	
08.044	到达场	receiving yard	
08.045	到发场	receiving-departure yard	
08.046	出发场	departure yard	
08.047	调车场	marshalling yard，shunting yard	
08.048	驼峰调车场	hump yard	
08.049	自动化调车场	automatic classification yard	
08.050	综合性货场	composite yard	
08.051	整车货场	car load team yard	
08.052	零担货场	less than car load team yard	
08.053	通过场	transit yard	
08.054	调车区	switching area	
08.055	推送部分	humping section	
08.056	溜放部分	rolling down section	
08.057	溜车方向	rolling direction	
08.058	驼峰高度	hump height	又称"峰高"。
08.059	峰顶	hump crest	
08.060	峰顶平台	platform of hump crest	
08.061	推送线	hump lead	
08.062	溜放线	group lead track	
08.063	分路道岔	branch turnout	
08.064	计算停车点	calculated target point	
08.065	减速器入口速度	entrance speed at retarder	
08.066	压钩坡	coupler compressing grade	
08.067	加速坡	acceleration grade	
08.068	脱钩点	separation point	
08.069	间隔制动	spacing braking	
08.070	目的制动	target braking	

08.04 铁 路 线 路

序 码	汉 文 名	英 文 名	注 释
08.071	线路	permanent way，track	
08.072	干线	trunk railway，trunk line	
08.073	正线	main line	
08.074	支线	branch line	
08.075	站线	station track，siding，yard track	

序 码	汉 文 名	英 文 名	注 释
08.076	安全线	catch siding	
08.077	避难线	refuge siding	
08.078	牵出线	switching lead, shunting neck	
08.079	调车线	shunting track, classification track	
08.080	编发线	marshalling-departure track	
08.081	枢纽联络线	terminal connecting line	
08.082	枢纽迁回线	terminal roundabout line	
08.083	换装线	interchange loading track	
08.084	专用线	special line, private line	
08.085	岔线	spur track	
08.086	高架卸货线	elevated unloading track	
08.087	存车线	storage track	
08.088	机待线	locomotive waiting track	
08.089	线束	group of tracks	
08.090	尽头线	stub-end siding	
08.091	贯通线	through track	
08.092	进出站线路	approach line	
08.093	套线	overlapping line	
08.094	缩短渡线	shortened crossover	
08.095	调度渡线	dispatching crossover	
08.096	平行渡线	parallel crossover	
08.097	梯线	ladder track	

08.05 铁 路 设 计

序 码	汉 文 名	英 文 名	注 释
08.098	线路平面	track plan	
08.099	圆曲线	circular curve	
08.100	单曲线	simple curve	
08.101	复曲线	compound curve	
08.102	夹直线	intermediate straight line	
08.103	展线	extension of line, development of line	
08.104	线路纵断面	track profile	
08.105	竖曲线	vertical curve	
08.106	坡度	grade, gradient, slope	
08.107	坡段	grade section	
08.108	紧坡地段	section of sufficient grade	
08.109	加力牵引坡度	pusher grade, assisting grade	

序　码	汉　文　名	英　文　名	注　释
08.110	动力坡度	momentum grade	
08.111	加速缓坡	easy gradient for acceleration	
08.112	起动缓坡	flat gradient for starting	
08.113	变坡点	point of change of gradient, grade change point	
08.114	曲线超高	cant, curve superelevation	
08.115	过超高	surplus superelevation, excess elevation	
08.116	欠超高	deficient superelevation	
08.117	超高顺坡	superelevation slope	
08.118	分界点	intermediate train spacing point, train spacing point	
08.119	双线插入段	double track interpolation	
08.120	站线有效长	effective length of station track	
08.121	单进路	single route	
08.122	双进路	either route	
08.123	区间	section	
08.124	铁路道口	grade crossing	
08.125	铁路路网规划	railway network planning	
08.126	铁路等级	class of railway	
08.127	铁路建筑界限	railroad construction clearance	
08.128	铁路选线	railway location	
08.129	牵引方式	mode of traction	
08.130	测段	segment of survey	
08.131	预留第二线	reserved second line	
08.132	装载系数	coefficient of load	
08.133	纸上定线	paper location, paper location of line	
08.134	拔起高度	height of lifting, ascent of elevation	又称"克服高度"。
08.135	牵引定数	tonnage rating, tonnage of traction	
08.136	输送能力	traffic capacity	
08.137	通过能力	carrying capacity	
08.138	货物周转量	turnover of freight traffic	
08.139	旅客周转量	turnover of passenger traffic	
08.140	通过轨道总重	million gross tonnes, MGT	
08.141	既有线	existing line	
08.142	行车速度	running speed	

序 码	汉 文 名	英 文 名	注 释
08.143	旅行速度	commercial speed, travelling speed	
08.144	技术速度	technical speed	
08.145	曲线阻力	curve resistance	
08.146	坡道阻力	gradient resistance	
08.147	坡度折减	compensation of gradient	
08.148	限制坡度	ruling grade, limiting grade	
08.149	坡度差	algebraic difference between adjacent gradients	
08.150	最小坡段长度	minimum length of grade section	
08.151	长大坡长	long steep grade	
08.152	小半径曲线黏降	reduction of adhesion on minimal radius	
08.153	分坡平段	level grade between opposite gradients	

08.06 铁 路 轨 道

序 码	汉 文 名	英 文 名	注 释
08.154	轨道	track	
08.155	道碴	ballast	
08.156	道床	ballast bed	
08.157	整体道床	monolithic concrete bed, integrated ballast bed	
08.158	面碴	top ballast	
08.159	底碴	sub-ballast	
08.160	轨枕盒	crib	
08.161	道钉	spike	
08.162	螺纹道钉	screw spike	
08.163	道口铺面	surface of grade crossing	
08.164	防爬器	anti creeper, anchor	
08.165	钢轨	rail	
08.166	缩短轨	standard shortened rail, fabricated short rail	
08.167	重型钢轨	heavy rail	
08.168	钢轨接头	rail joint	
08.169	焊接接头	welded joint	
08.170	异型接头	compromise joint, transition joint	
08.171	接头夹板	joint bar, fishplate	又称"鱼尾板"。
08.172	异型接头夹板	compromise joint bar	

序 码	汉 文 名	英 文 名	注 释
08.173	接头夹板螺栓	fishbolt	
08.174	胶结绝缘接头	glued insulated joint	
08.175	钢轨伸缩调节器	rail expansion device	
08.176	绝缘接头	insulated joint	
08.177	钢轨螺栓孔	rail bolt hole	
08.178	板式轨道	slab track	
08.179	重型轨道	heavy track	
08.180	无碴轨道	ballastless track	
08.181	无碴桥面	ballastless deck	
08.182	有碴轨道	ballasted track	
08.183	轨缝	rail joint gap, rail gap, joint gap	
08.184	轨排	track panel, track skeleton	
08.185	轨距杆	gauge tie bar	
08.186	轨撑	rail brace	
08.187	轨枕	tie, sleeper	
08.188	宽轨枕	broad tie	
08.189	岔枕	switch tie, turnout tie	
08.190	护轨	guard rail	
08.191	扣件	rail fastening	
08.192	扣板式扣件	pinch plate rail fastening	
08.193	弹条式扣件	elastic rod rail fastening	
08.194	分开式扣件	separated rail fastening	
08.195	硫磺锚固	sulfur cement mortar anchorage	
08.196	弹性垫板	resilient tie plate	
08.197	相对式接头	opposite joint, square joint	
08.198	相错式接头	alternate joint, staggered joint	又称"相互式接头"。
08.199	轨底坡	rail cant	
08.200	轨道荷载谱	track load spectrum	
08.201	轮轨关系	wheel-rail interaction	
08.202	脱轨	derail	
08.203	跳轨	jump on rail	
08.204	无缝线路	continuous welded rail, CWR	又称"连续焊接轨"。
08.205	焊接长钢轨	welded long rail	
08.206	钢轨锁定	rail fastening down	
08.207	应力放散	destressing	
08.208	轨道鼓出	track buckling	
08.209	接触网支柱	catenary mast	

序　码	汉　文　名	英　文　名	注　释
08.210	硬横跨	portal structure	
08.211	软横跨	head span suspension	
08.212	锚柱	anchor mast	

08.07　轨　道　管　理

08.213	轨道检测	track inspection	
08.214	轨道不平顺	track irregularity	
08.215	三角坑	twist, warp	又称"扭曲"。
08.216	轨道方向	track alignment	
08.217	轨道前后高低	longitudinal level of rail	
08.218	轨道水平	track cross level	又称"左右水平"。
08.219	钢轨低接头	depressed joint	
08.220	钢轨擦伤	wheel burn, engine burn	
08.221	钢轨伤损	rail failure	
08.222	钢轨肥边	rail lip, spreading of the rail head	
08.223	轨头波形磨损	wave-type deformation of rail head	
08.224	轨头波纹磨损	rail corrugation	
08.225	轨头垂直磨损	vertical wear of rail head	
08.226	轨头侧面磨损	side wear of rail head	
08.227	钢轨断裂	rail fracture	
08.228	钢轨爬行	rail creep	
08.229	失效轨枕	defective sleeper	
08.230	轨枕空吊板	loose sleeper	
08.231	养路工区	track maintenance section	
08.232	轨行起重机	rail crane	
08.233	报警器	[train approach] warning device	
08.234	钢轨磨耗检查车	rail profile measuring coach	
08.235	磨轨车	rail grinding coach	
08.236	轨道动力稳定机	track dynamic stabilizer	
08.237	曲线整正	curve adjusting	
08.238	起道	track lifting	
08.239	拨道	track lining	
08.240	清筛道床	ballast cleaning	
08.241	道床夯实	ballast ramming	
08.242	道床配碴整形	ballast distributing and trimming	
08.243	捣固	tamping	
08.244	垫碴	ballast packing	

序　码	汉　文　名	英　文　名	注　释
08.245	垫砂起道	measured shovel packing	
08.246	铺碴	ballasting	
08.247	轨缝调整	rail gap adjusting	
08.248	轨枕方正	sleeper respacing	
08.249	线路大修	track overhauling, track renewal	
08.250	线路中修	track intermediate repair	
08.251	钢轨工作边	working surface of rail, gauge line	
08.252	钢轨涂油器	rail lubricator	

08.08　道　岔

序　码	汉　文　名	英　文　名	注　释
08.253	道岔	turnout	
08.254	单开道岔	simple turnout	
08.255	单式对称道岔	symmetrical double curve turnout	
08.256	单式不对称道岔	unsymmetrical double curve turnout	
08.257	三开道岔	symmetrical three-throw turnout, three-way turnout	
08.258	交分道岔	slip turnout, slip switch	
08.259	交叉	crossing	
08.260	交叉渡线	scissors crossing, double crossover	
08.261	渡线	crossover, track conjunction	
08.262	转辙器	switch	
08.263	导曲线	curve of turnout, lead curve	
08.264	辙叉	frog	
08.265	辙叉咽喉	throat of frog	
08.266	焊接辙叉	welded frog	
08.267	组合式辙叉	assembled frog	
08.268	辙叉角	frog angle, crossing angle	
08.269	辙叉心轨尖端	actual point of frog	
08.270	道岔理论导程	theoretical lead of turnout	
08.271	查照间隔	guard rail check gauge	
08.272	护背间隔	guard rail face gauge	
08.273	轮缘槽	flangeway	
08.274	尖轨	switch rail, tongue rail, blade	
08.275	尖轨动程	throw of switch	
08.276	特种断面尖轨转辙器	switch rail of special section	
08.277	可弯式尖轨	flexible switch	

序 码	汉 文 名	英 文 名	注 释
08.278	翼轨	wing rail	
08.279	心轨	point rail, nose rail	
08.280	可动心轨辙叉	movable point frog	
08.281	可动翼轨辙叉	movable wing frog	
08.282	道岔区	turnout zone	
08.283	咽喉道岔	throat point	

08.09　铁 路 路 基

序 码	汉 文 名	英 文 名	注 释
08.284	铁路路基	railway subgrade	
08.285	路堤	embankment, fill	
08.286	路堑	cut	
08.287	路肩	shoulder	
08.288	基床	subgrade bed, formation	
08.289	边坡	side slope	
08.290	堑顶	top of cutting slope	
08.291	坡脚	toe of side slope	
08.292	护道	berm	
08.293	隔断层	insulating course	
08.294	边沟	side ditch	又称"侧沟"。
08.295	天沟	overhead ditch, intercepting ditch	
08.296	排水沟	drainage ditch	
08.297	路基病害	subgrade defect, subgrade lesion	
08.298	翻浆冒泥	mud-pumping	
08.299	路基冲刷	subgrade erosion	
08.300	道碴袋	ballast pocket	

09.　隧道与地下工程

序 码	汉 文 名	英 文 名	注 释

09.01　分　类

09.001	隧道	tunnel	
09.002	公路隧道	highway tunnel	
09.003	铁路隧道	railway tunnel	
09.004	矿山隧道	mining tunnel	
09.005	水工隧洞	hydraulic tunnel	

序　码	汉文名	英文名	注　释
09.006	水电站隧洞	hydro-power tunnel	
09.007	有压隧洞	pressurized tunnel	
09.008	调压井	surge tank	
09.009	发电厂房	power house	
09.010	给水隧洞	water supply tunnel	
09.011	运河隧洞	canal tunnel	
09.012	引水隧洞	diversion tunnel	
09.013	灌溉隧洞	irrigation tunnel	
09.014	地下铁道	subway, metro, underground rail-way	简称"地铁"。
09.015	车站隧道	station tunnel	
09.016	区间隧道	running tunnel	
09.017	出入口隧道	access tunnel	
09.018	自动扶梯隧道	escalator tunnel	
09.019	人行隧道	pedestrian tunnel	
09.020	军用隧道	military tunnel	
09.021	人防工程	civil air defence works	
09.022	城市市政隧道	urban utility tunnel	
09.023	山岭隧道	mountain tunnel	
09.024	越岭隧道	summit tunnel	
09.025	傍山隧道	sidehill tunnel	
09.026	水下隧道	underwater tunnel, submarine tun-nel	又称"水底隧道"。
09.027	土质隧道	earth tunnel, tunnel in earth	
09.028	岩石隧道	rock tunnel	
09.029	浅埋隧道	shallow tunnel	
09.030	深埋隧道	deep tunnel	
09.031	双线隧道	twin-track tunnel, double track tunnel	
09.032	单线隧道	single-track tunnel	
09.033	曲线隧道	curved tunnel	
09.034	小直径隧道	micro-tunnel	又称"小断面隧道"。
09.035	明挖隧道	open cut tunnel	
09.036	暗挖隧道	bored tunnel	
09.037	棚洞	tunnel shed, hangar tunnel	

序码	汉文名	英文名	注释

09.02 围 岩

09.038	围岩	surrounding rock	
09.039	围岩稳定	surrounding rock stability	
09.040	坑道自稳时间	self-stabilization time of tunnel	
09.041	围岩自承能力	self-bearing capacity of surrounding rock	
09.042	围岩自稳能力	self-stabilization capacity of surrounding rock	
09.043	地应力	crustal stress	
09.044	初始应力场	primary stress field	
09.045	构造应力场	structural stress field, formation stress field	
09.046	地层压力	ground pressure	
09.047	形变压力	deformation pressure	
09.048	松散压力	loosening pressure	
09.049	成拱作用	arching, arch action	
09.050	天然拱	natural arch	又称"自然拱"。
09.051	软弱围岩	weak surrounding rock	
09.052	坚硬围岩	hard surrounding rock	
09.053	覆盖层	overburden	
09.054	仰坡	front slope, overlaying slope	

09.03 勘 测 和 设 计

09.055	隧道勘测	tunnel reconnaissance	
09.056	航空摄影	aerial photograph	
09.057	红外遥感	infrared sensing	
09.058	旁视雷达	side-looking radar	
09.059	反射法地震勘探	seismic reflection method	
09.060	电阻率法	resistivity method	又称"比电阻法"。
09.061	勘探平硐	exploration drift	
09.062	探查坑道	survey tunnel	
09.063	超前探测	forward probe	
09.064	隧道埋置深度	depth of tunnel, embedment depth	简称"埋深"。
09.065	[隧道]洞门	tunnel portal	
09.066	正洞门	orthonormal portal	
09.067	斜洞门	skew portal	

序 码	汉 文 名	英 文 名	注 释
09.068	隧道纵轴线	tunnel axis	
09.069	隧道纵断面	tunnel profile	
09.070	单坡	one way gradient	
09.071	双坡	double way gradient	
09.072	入口段	lead in section	
09.073	坡道段	gradient section	
09.074	出口段	outlet section	
09.075	隧道横断面	tunnel cross section, tunnel section	
09.076	隧道建筑限界	construction clearance of tunnel	
09.077	[隧道]设计开挖线	pay line, tight spot	又称"计价线"。
09.078	隧道净断面	tunnel clearance, inside cross-section of tunnel	
09.079	隧道断面轮廓	tunnel contour	
09.080	地层－隧道结构相互作用	ground-tunnel structure interaction	
09.081	地层弹性抗力	elastic resistance of ground	
09.082	反[演]分析	back analysis	

09.04　隧道施工方法

序 码	汉 文 名	英 文 名	注 释
09.083	钻爆法	drilling and blasting method	
09.084	炮眼布置	drilling pattern, hole placement	
09.085	炮眼深度	borehole depth	
09.086	炮眼直径	borehole diameter	
09.087	抵抗线	burden	
09.088	炸药	explosive	
09.089	药卷	cartridge	又称"炸药包"。
09.090	填塞物	stemming	又称"堵炮泥"。
09.091	雷管	detonator, blasting cap	
09.092	瞬发雷管	instantaneous detonator	
09.093	迟发雷管	delay detonator	又称"延发雷管"。
09.094	毫秒雷管	millisecond detonator	
09.095	光面爆破	smooth blasting	
09.096	预裂爆破	presplit blasting	
09.097	控制爆破	controlled blasting	
09.098	爆炸威力	brisance	
09.099	爆破速度	detonation velocity	

序　码	汉 文 名	英 文 名	注 释
09.100	起爆	ignition, detonation, firing	
09.101	延迟爆破	delay blasting	又称"迟期爆破"。
09.102	拒爆	misfire	又称"瞎炮"。
09.103	爆破漏斗	blasting crater	
09.104	临空面	free surface, free face	又称"自由面"。
09.105	爆破振动效应	vibration effect of explosion	
09.106	掏槽	cut	
09.107	掏槽炮眼	cut hole	
09.108	辅助炮眼	easer, relief hole, reliever	
09.109	周边炮眼	trimmer, trim hole, rim hole	
09.110	新奥法	New Austrian Tunnelling Method, NATM	
09.111	盾构法	shield method	
09.112	顶管法	pipe jacking method	
09.113	明挖法	cut and cover method, open-cut method	
09.114	连续墙法	diaphragm wall method, slurry wall method	
09.115	冻结法	ground freezing method	
09.116	沉埋法	immersed tube method, immersed tunneling method	
09.117	隧道开挖	tunnel excavation	
09.118	分部开挖	partial excavation, part-section excavation	
09.119	台阶开挖法	bench cut method	
09.120	大断面开挖	large cross section excavation	
09.121	半断面开挖	half section excavation	
09.122	全断面开挖	full section excavation, full face tunnelling	
09.123	机械预切割法	mechanical pre-cutting method	按隧道轮廓线用机械切割成槽，在槽内作成超前衬砌，在它的保护下进行隧道核心部分的开挖。
09.124	逆筑法	top-down construction method	
09.125	顺筑法	bottom-up construction method	
09.126	欠挖	underbreak	

序 码	汉 文 名	英 文 名	注 释
09.127	超挖	overbreak	
09.128	瓦斯爆炸	gas explosion	
09.129	岩爆	rockburst	
09.130	落石	rockfall	
09.131	塌方	collapse, cave in	
09.132	底鼓	floor heave	
09.133	回填	back-filling	
09.134	贯通	breakthrough	
09.135	开挖面	excavation face	
09.136	工作面	working face	
09.137	隧道拱圈	tunnel arch	
09.138	隧道边墙	tunnel side wall	
09.139	隧道仰拱	tunnel invert	
09.140	[隧道]拱顶	crown	
09.141	台阶	bench	
09.142	超前导坑	pilot drift	又称"先进导坑"。
09.143	顶部导坑	top heading	又称"上导坑"。
09.144	侧壁导坑	side wall drift	
09.145	辅助坑道	service tunnel	
09.146	平行坑道	parallel adit, parallel connecting by-pass tunnel	又称"平行导坑"。
09.147	横通道	cross adit, cross gallery	
09.148	井架	headframe	
09.149	吊斗	skip	
09.150	罐笼	cage	
09.151	横洞	transverse gallery	
09.152	钻眼作业	drilling	
09.153	装药作业	charging	
09.154	通风作业	ventilating	
09.155	弃碴	muck, spoil, waste rock	
09.156	撬落危石	scaling down loose rock	
09.157	出碴作业	mucking out	

09.05 隧道施工机械

序 码	汉 文 名	英 文 名	注 释
09.158	盾构	shield	
09.159	泥水盾构	slurry shield	
09.160	气压盾构	air pressed shield, shield with air	

序 码	汉 文 名	英 文 名	注 释
		pressure	
09.161	挤压闭胸盾构	closed squeezing shield, closed ex-truding shield	
09.162	土压平衡盾构	earth pressure balanced shield, EPBS	
09.163	机械化盾构	mechanized shield	
09.164	[掘进机]刀盘	cutter head	
09.165	砌块举重器	segment erector	
09.166	带式运输机	conveyor belt	
09.167	隧道掘进机	tunnel boring machine, TBM	
09.168	小直径隧道掘进机	micro-tunneller	又称"小断面隧道掘进机"。
09.169	单臂掘进机	single boom roadheader	
09.170	凿岩机	drill machine	
09.171	风动支架	air leg	又称"风腿"。
09.172	凿岩台车	drilling jumbo	
09.173	装碴机	loader	又称"装载机"。
09.174	浮放道岔	sliding point, move switch, super-imposed crossing	
09.175	横向吊车机	cherry picker	
09.176	翻斗车	tipper, tipover car	
09.177	侧卸式矿车	side dump car	
09.178	机车	locomotive	
09.179	窄轨小机车	dinkey	
09.180	梭[行矿]车	shuttle car	
09.181	槽式列车	bunker train	
09.182	安装锚杆台车	bolting jumbo	
09.183	混凝土喷射机	shotcrete machine	
09.184	遥控混凝土喷射机	robot spray	
09.185	模板台车	formwork jumbo	

09.06　隧道支护和衬砌

序 码	汉 文 名	英 文 名	注 释
09.186	喷射混凝土支护	shotcrete support	
09.187	喷射混凝土回弹	rebound of shotcrete	
09.188	喷射混凝土粉尘	shotcrete dust	
09.189	锚杆支护	rock bolt support	

序 码	汉 文 名	英 文 名	注 释
09.190	喷射混凝土锚杆支护	shotcrete-rock bolt support	
09.191	钢筋网喷射混凝土支护	wiremesh-shotcrete support	
09.192	钢筋网喷射混凝土锚杆支护	wiremesh-shotcrete-rock bolt support	
09.193	超前支护	forepoling, spiling	
09.194	[钢]插板	poling plate	
09.195	小导管预注浆	pre-grouting with micropipe	
09.196	管棚	pipe-shed, canopy tubes	
09.197	格栅	lattice	
09.198	钢架拱	steel arch	
09.199	锚杆	rock bolt	
09.200	胶结型锚杆	adhesive rock bolt	
09.201	注浆型锚杆	grouted rock bolt	
09.202	树脂型锚杆	resin rock bolt	
09.203	摩擦型锚杆	friction rock bolt	
09.204	楔缝式锚杆	slit wedge type rock bolt	
09.205	胀壳式锚杆	expansion type rock bolt	
09.206	机械式锚杆	mechanical rock bolt	
09.207	预应力锚杆	prestressed rock bolt	
09.208	土层锚杆	earth anchor	
09.209	锚杆长度	bolt length	
09.210	锚杆抗力	resistance of bolt	
09.211	锚固强度	anchoring strength	
09.212	临时支护	temporary support	
09.213	背板	lagging	
09.214	衬板	liner plate	
09.215	开挖面挡土板	breast board	
09.216	隧道衬砌	tunnel lining	
09.217	整体式衬砌	integral lining	
09.218	装配式衬砌	prefabricated lining	又称"拼装式衬砌"。
09.219	铸铁管片	cast-iron segment	
09.220	钢筋混凝土管片	reinforced concrete segment	又称"钢筋混凝土砌块"。
09.221	单层衬砌	single shell lining	
09.222	复合衬砌	composite lining, double lining	

序 码	汉 文 名	英 文 名	注 释
09.223	初期支护	primary support	
09.224	永久衬砌	permanent lining, secondary lining	又称"二次衬砌"。
09.225	防水[薄]膜	waterproofing membrane	
09.226	柔性衬砌	flexible lining	
09.227	离壁衬砌	separate lining	
09.228	挤压混凝土衬砌	extruded concrete lining	
09.229	钢纤维喷射混凝土衬砌	steel fiber shotcrete lining	
09.230	毛洞	unlined tunnel	不衬砌的隧道。

09.07　通风、照明、排水

序 码	汉 文 名	英 文 名	注 释
09.231	有害气体容许浓度	allowable density of harmful gas	
09.232	空气温度	air temperature	
09.233	相对湿度	relative humidity	
09.234	瞬时空气速度	instantaneous air speed	
09.235	湍流强度	turbulence intensity	
09.236	施工通风	construction ventilation	
09.237	压入式通风	blowing system of ventilation	
09.238	吸出式通风	exhaust system of ventilation	
09.239	混合式通风	combination of blowing and exhaust system of ventilation	
09.240	运营通风	operation ventilation	
09.241	车辆废气排出	vehicle emission	
09.242	列车活塞作用	piston action of train	
09.243	通风设备	ventilation equipment	
09.244	自然通风	natural ventilation	
09.245	机械通风	mechanical ventilation	
09.246	横向通风	transversal ventilation	
09.247	半横向通风	semi-transversal ventilation	
09.248	纵向通风	longitudinal ventilation	
09.249	射流通风	longitudinal ventilation with jet-blower	
09.250	污浊空气	stale air	
09.251	空气净化	air cleaning	
09.252	降低粉尘浓度	dust suppression	
09.253	隧道内亮度水平	luminance level in the tunnel interi-	

序　码	汉　文　名	英　文　名	注　释
		or	
09.254	亮度纵断面	luminance profile	
09.255	接近区段	access zone, approach section	
09.256	入口区段	entrance zone, threshold zone	
09.257	过渡区段	transition zone	
09.258	内部区段	interior zone	
09.259	出口区段	exit zone	
09.260	入口照明	entrance lighting	
09.261	出口照明	exit lighting	
09.262	应急照明	emergency lighting	又称"事故照明"。
09.263	过渡照明	transition lighting	
09.264	遮阳棚	louver	
09.265	隧道排水设备	tunnel drainage facility	
09.266	排水孔	drain hole, weep hole, weeper	
09.267	集水坑	sump	
09.268	排水管	drainage pipe	
09.269	盲沟	blind drain	

09.08　防灾、维修和养护

序　码	汉　文　名	英　文　名	注　释
09.270	隧道防灾设施	disaster prevention facility of tunnel	
09.271	隧道火灾	tunnel fire hazard	
09.272	火灾报警系统	fire alarm system	
09.273	报警装置	warning device	
09.274	消防系统	fire-fighting system	
09.275	漏水	water leakage	
09.276	涌水	gushing water	又称"突水"。
09.277	堵漏	leakage protection	
09.278	衬砌裂损	lining split	
09.279	隧道冻害	freezing damage in tunnel	
09.280	化学侵蚀	chemical attack	
09.281	注浆	grouting	又称"灌浆"。
09.282	加固注浆	consolidation grouting	又称"固结灌浆"。
09.283	回填注浆	backfill grouting	
09.284	压密注浆	compaction grouting	
09.285	劈裂注浆	fracture grouting	
09.286	化学注浆	chemical grouting	

序　码	汉 文 名	英 文 名	注　释
		09.09　量 测 与 监 控	
09.287	隧道监控量测	tunnel monitoring measurement	
09.288	隧道地表沉陷	ground surface subsidence over tunnel, surface settlement	
09.289	隧道拱顶下沉	tunnel roof settlement	
09.290	隧道内轮廓位移	displacement of inner contour of tunnel	
09.291	隧道断面收敛	tunnel cross section convergence	
09.292	隧道水平变形	tunnel horizontal deformation	
09.293	隧道对角变形	tunnel diagonal deformation	
09.294	隧道非破损探查	non-destructive investigation of tunnel	
09.295	环境监控系统	environmental monitoring system	
		09.10　地下工程、地下空间利用的发展	
09.296	地下空间	underground space	
09.297	地下工程	underground works	
09.298	地下结构	underground structure	
09.299	地下商场	underground market	
09.300	地下厂房	underground workshop	
09.301	地下停车库	underground parking	又称"地下停车场"。
09.302	地下仓库	underground storehouse	
09.303	地下储油	underground storage of oil	
09.304	地下存储液化天然气	underground storage of liquefied natural gas, underground storage of LNG	
09.305	地下存储核废料	underground storage of nuclear waste	
09.306	地下水坝	ground water dam	
09.307	地下截流工程	interception of underground water	
09.308	地下灌溉	subirrigation, subsurface irrigation	

10. 港 口 工 程

序 码	汉 文 名	英 文 名	注 释

10.01 港 口 总 体

序 码	汉 文 名	英 文 名	注 释
10.001	港口	port, harbor	
10.002	海岸	coast	
10.003	港口腹地	port hinterland	
10.004	港址	port site	
10.005	海港	sea port, sea harbor	
10.006	河港	river port	
10.007	河口港	estuary port	
10.008	商港	commercial port	
10.009	军港	military harbor, naval harbor	
10.010	渔港	fishery port	
10.011	工业港	industrial port	
10.012	避风港	refuge harbor	
10.013	海图	sea chart, nautical chart	
10.014	深度基准面	datum level	
10.015	设计船型	design vessel type, design vessel type and size	
10.016	型深	molded depth of vessel	
10.017	型宽	molded breadth of vessel	
10.018	吃水	draft	
10.019	船舶载重量	deadweight tonnage of vessel, deadweight of vessel	
10.020	排水量	displacement	
10.021	干舷	freeboard	
10.022	港区	port area	
10.023	港口水域	port water area	
10.024	防波堤口门	breakwater gap	
10.025	制动距离	stopping distance	
10.026	回旋水域	turning basin	
10.027	港池	basin, dock	
10.028	防沙堤	sediment barrier	
10.029	锚地	anchorage area	

序　码	汉　文　名	英　文　名	注　　释
10.030	泊位	berth	
10.031	港口陆域	port land area	
10.032	前方仓库	transit shed	
10.033	后方仓库	warehouse	
10.034	堆场	storage yard	
10.035	前沿作业地带	apron	
10.036	泊位利用率	berth occupancy	
10.037	泊位通过能力	berth throughput capacity	
10.038	库场通过能力	turnover capacity of storage space	
10.039	港口通过能力	throughput capacity of port	
10.040	顺岸码头	parallel wharf, quay	
10.041	突堤码头	finger pier, jetty	
10.042	乘潮水位	tide riding level	

10.02　自然环境条件

序　码	汉　文　名	英　文　名	注　　释
10.043	波浪	wave	
10.044	波高	wave height	
10.045	波长	wave length	
10.046	波周期	wave period	
10.047	波速	wave celerity, wave velocity	
10.048	波峰	wave crest	
10.049	波谷	wave trough	
10.050	涌浪	surge, swell	
10.051	风浪	wind wave	
10.052	规则波	regular wave	
10.053	不规则波	irregular wave	
10.054	波谱	wave spectrum	
10.055	深水波	deep-water wave	
10.056	浅水波	shallow-water wave	
10.057	驻波	standing wave, clapotis	又称"立波"。
10.058	破碎波	breaker	
10.059	波浪反射	wave reflection	
10.060	波浪折射	wave refraction	
10.061	波浪绕射	wave diffraction	又称"波浪衍射"。
10.062	波浪特征值	wave characteristics	
10.063	波陡	wave steepness	
10.064	有效波高	significant wave height	

序 码	汉 文 名	英 文 名	注 释
10.065	增水	set-up, anstau	
10.066	减水	set-down, fall	
10.067	涨潮历时	duration of rise	
10.068	落潮历时	duration of fall	
10.069	潮汐	tide	
10.070	日潮	diurnal tide	
10.071	半日潮	semi-diurnal tide	
10.072	混合潮	mixed tide	
10.073	潮位	tide level	
10.074	潮差	tide range	
10.075	大潮	spring tide	又称"朔望潮"。
10.076	小潮	neap tide	
10.077	潮流界	tidal current limit	
10.078	潮区界	tidal limit	
10.079	感潮河段	tidal reach, tidal river reach	
10.080	潮流	tidal current	
10.081	海流	ocean current	
10.082	风海流	wind-driven current	
10.083	沿岸流	littoral current, coastal current	
10.084	余流	residual current	

10.03 荷 载

序 码	汉 文 名	英 文 名	注 释
10.085	起重运输机械荷载	crane and transporter load	
10.086	系缆力	mooring force	
10.087	船舶撞击力	ship impact force	
10.088	船舶挤靠力	ship breasting force	
10.089	土压力	earth pressure	
10.090	波浪力	wave force	
10.091	水流力	current force	
10.092	堆货荷载	cargo load	

10.04 码 头

序 码	汉 文 名	英 文 名	注 释
10.093	直立式码头	vertical face wharf, quay wall	
10.094	斜坡式码头	sloping wharf	
10.095	实体式码头	solid wharf	
10.096	透空式码头	open-type wharf	

序 码	汉 文 名	英 文 名	注 释
10.097	引桥式码头	pier with approach trestle, pier with approach bridge	
10.098	重力式码头	gravity quay wall	
10.099	板桩码头	sheet pile quay wall, sheet pile wharf	
10.100	墩式码头	dolphin pier	
10.101	浮码头	floating pier, pontoon	
10.102	系泊浮筒	mooring buoy	又称"系船浮筒"。
10.103	趸船	pontoon	
10.104	驳岸	bulkhead	
10.105	单点系泊设施	single buoy mooring system	
10.106	多点系泊设施	multi-point mooring system	
10.107	减压棱体	pressure reducing fill	
10.108	抛石基床	rubble base	
10.109	方块	block	
10.110	系船柱	mooring post	
10.111	叉桩	brace pile, coupled batter pile	
10.112	桩帽	pile cap	
10.113	护轮槛	kerb, curbing	

10.05 防 波 堤

序 码	汉 文 名	英 文 名	注 释
10.114	防波堤	breakwater, mole	
10.115	导堤	jetty, training mole	
10.116	护岸	bank revetment, bank protection, shore protection	
10.117	斜坡式防波堤	sloping breakwater, mound breakwater	
10.118	直立式防波堤	vertical breakwater	
10.119	岛式防波堤	offshore breakwater, detached breakwater, isolated breakwater	
10.120	透空式防波堤	open-type breakwater, permeable breakwater	
10.121	浮式防波堤	floating breakwater	
10.122	压气式防波堤	pneumatic breakwater	
10.123	潜堤	submerged dyke	
10.124	堤心	breakwater core	
10.125	面层	armor layer	

序 码	汉 文 名	英 文 名	注 释
10.126	护面块体	block, armor block	
10.127	戗台	berm	
10.128	胸墙	crown wall	
10.129	远破波	broken wave	
10.130	近破波	breaking wave	

10.06 航　　道

序 码	汉 文 名	英 文 名	注 释
10.131	航道	navigation channel, channel, waterway	
10.132	进港航道	approach channel, entrance channel	
10.133	渠化航道	canalized channel	
10.134	航道通过能力	waterway transit capacity	
10.135	通航期	navigation period	
10.136	通航流速	navigable current velocity	
10.137	横流	transverse current	
10.138	设计水位	design water level, design water stage	
10.139	整治水位	regulated water stage	
10.140	运河	canal	
10.141	船行波	ship wave	
10.142	回淤强度	sedimentation intensity, sedimentation rate	
10.143	备淤深度	allowance for sedimentation	
10.144	泥驳	mud barge, mud lighter	
10.145	排泥管	delivery pipe line	
10.146	边抛	side casting	
10.147	船闸	navigation lock	
10.148	多级船闸	multi-chamber lock, lock flight	
10.149	省水船闸	water saving lock, thrift lock	
10.150	门槛水深	water depth on sill, lock significant depth	
10.151	船闸水头	lift of lock	
10.152	单向过闸	one-way transit	
10.153	双向过闸	two-way transit	
10.154	船闸输水系统	filling and emptying system of lock	
10.155	升船机	ship lift, ship elevator	

序 码	汉 文 名	英 文 名	注 释
10.156	垂直升船机	vertical ship lift	
10.157	斜面升船机	incline ship lift	
10.158	水坡升船机	water slope	

10.07 通 信 导 航

序 码	汉 文 名	英 文 名	注 释
10.159	泊位电话	berth telephone	
10.160	海岸电台	coast station	
10.161	航标	navigational aid	
10.162	视觉航标	visual aid	
10.163	音响航标	sound signal	又称"音响信号"。
10.164	无线电航标	radio aid	
10.165	灯塔	lighthouse	
10.166	导标	leading mark	
10.167	灯桩	light beacon	
10.168	灯船	light vessel	
10.169	浮标	buoy	
10.170	灯浮标	light buoy	
10.171	侧面标志	hand mark	
10.172	方位标志	bearing mark	
10.173	船舶交通管理系统	vessel traffic management service, VTMS	
10.174	雷达反射器	radar reflector	
10.175	港口雷达	harbor radar	
10.176	岸基雷达链	shore-based radar chain	
10.177	甚高频测向仪	VHF direction finder, VHF-DF	
10.178	疏浚标志	dredging mark	
10.179	过河标	cross-river buoy	
10.180	接岸标	land mark	
10.181	桥涵标	bridge mark	
10.182	水深信号	water signal	
10.183	通行信号	passage signal	
10.184	风汛信号	wind signal	
10.185	雾情信号	fog signal	

10.08 港 口 施 工

序 码	汉 文 名	英 文 名	注 释
10.186	吹填	hydraulic reclamation, hydraulic fill	

序　码	汉　文　名	英　文　名	注　释
10.187	抛填	dumping fill	
10.188	施工水位	working water level, construction water level	
10.189	抛石理波	grading of rock mound	
10.190	潜水施工	diver work	
10.191	水下切割	underwater cutting	
10.192	扫海	bed sweeping	
10.193	水下基床夯实	underwater bed tamping	
10.194	水下基床整平	underwater bed leveling	
10.195	浪溅区	splash zone	
10.196	疏浚工程	dredging engineering	
10.197	挖泥船	dredger	
10.198	起重船	floating crane	又称"浮式起重机","浮吊"。
10.199	打桩船	floating pile driver, pile driving barge	
10.200	混凝土搅拌船	floating concrete mixing plant	

11.　给水与排水工程

序　码	汉　文　名	英　文　名	注　释

11.01　给水系统与排水系统

序　码	汉　文　名	英　文　名	注　释
11.001	给水工程	water supply engineering	
11.002	排水工程	wastewater engineering	
11.003	城市给水	municipal water supply	
11.004	农村给水	rural water supply	
11.005	工业给水	industrial water supply	
11.006	用水量	water consumption	
11.007	生产用水	process water	
11.008	节水	water conservation	
11.009	节水器	flow reduction device	
11.010	中水	non-potable reclaimed water, intermediate water	
11.011	杂用水	non-potable water	
11.012	再生水	reclaimed water	

序　码	汉　文　名	英　文　名	注　　释
11.013	废水	wastewater	
11.014	冷却水	cooling water	
11.015	补充水	make-up water	
11.016	旁流水	side stream	
11.017	排污	blowdown	
11.018	中水装置	wastewater reclamation facilities, intermediate water facilities	
11.019	饮用杂用双水系统	dual water supply systems	
11.020	废水复用	wastewater reuse	
11.021	废水循环	wastewater recycling	
11.022	直流水系统	once-through water system	
11.023	直流冷却水系统	once-through cooling water system	
11.024	循环冷却水系统	recirculating cooling water system	
11.025	消防给水	fire supply	
11.026	消防用水量	fire demand	
11.027	平均日用水量	average day consumption	
11.028	管网	pipe network	
11.029	配水管网	distribution network	
11.030	环状管网	gridiron network	
11.031	枝状管网	branching network	
11.032	清水池	clear-water reservoir	
11.033	调节水池	regulating reservoir	
11.034	泵站	pumping station	
11.035	加压泵站	booster station	
11.036	压力输水管	pressure aqueduct	
11.037	重力输水管	gravity aqueduct	
11.038	干管	main pipe	
11.039	分配管	service header	
11.040	接户管	service pipe	
11.041	废水量	wastewater flow rate	
11.042	雨水量	storm runoff	
11.043	暴雨强度	intensity of storms	
11.044	合流水量	combined-sewer flow	
11.045	人口当量	population equivalent	
11.046	排水制度	sewer system	又称"排水系统"。
11.047	合流制	combined system	

序　码	汉　文　名	英　文　名	注　释
11.048	分流制	separate system	
11.049	旱季流量	dry-weather flow	
11.050	重现期	recurrence interval	
11.051	降雨历时	duration of rainfall	
11.052	集水时间	inlet time	
11.053	汇流时间	time of concentration	
11.054	充满度	depth ratio	
11.055	截留倍数	interception ratio	
11.056	径流系数	runoff coefficient	
11.057	截流管	intercepting sewer, interceptor	
11.058	管渠	conduit	
11.059	渠道	channel, canal	
11.060	出水口	outfall	
11.061	雨水口	storm-water inlet	
11.062	排水管渠	sewer	
11.063	检查井	manhole	
11.064	水塔	elevated water tank	
11.065	消火栓	hydrant	
11.066	防潮门	tide gate	
11.067	吸水井	suction well	
11.068	公用给水站	public water-supply station	
11.069	未预见水	unaccounted-for water	
11.070	服务水头	service head	
11.071	供水量	water output	
11.072	取水量	water withdrawal	
11.073	用水定额	water consumption quota	
11.074	排水定额	wastewater flow quota	
11.075	水压	water pressure	
11.076	城市废水	municipal wastewater	
11.077	生活废水	domestic wastewater	
11.078	工业废水	industrial wastewater	
11.079	日变化系数	daily variation factor	
11.080	时变化系数	hourly variation factor	
11.081	倒虹吸管	inverted siphon	
11.082	过河管	river crossing	
11.083	建筑给水排水	building plumbing system	
11.084	交叉连接	cross connection	

序　码	汉　文　名	英　文　名	注　　释
		11.02　取水与水质	
11.085	水资源	water resources	
11.086	咸水	saline water	
11.087	盐水	brine	
11.088	海水	sea water	
11.089	苦咸水	brackish water	
11.090	淡水	fresh water	
11.091	水体	water body	
11.092	水体自净	self-purification of water body	
11.093	原水	raw water	
11.094	自来水	tap water	
11.095	受污染水	polluted water	
11.096	污水	sewage	
11.097	水华	bloom	
11.098	富营养化	eutrophication	
11.099	溶氧纵分布曲线	dissolved oxygen profile	
11.100	氧垂曲线	oxygen sag curve	
11.101	富藻水	algae-laden water	
11.102	富色水	colored water	
11.103	管井	drilled well	
11.104	大口井	dug well, large opening well	
11.105	渗渠	infiltration gallery	
11.106	回灌井	recharging well	
11.107	自流井	artesian well	
11.108	安全产水量	safe yield	
11.109	咸水入侵	saline water intrusion	
11.110	泉室	spring chamber	
11.111	取水塔	intake tower	
11.112	进水口	intake	
11.113	格网	screen	
11.114	格栅	bar screen, rack	
11.115	饮用水标准	drinking water standards	
11.116	污染	pollution	
11.117	污染物	pollutant	
11.118	重点污染物	priority pollutant	
11.119	微污染	micro-pollution	

序　码	汉　文　名	英　文　名	注　释
11.120	微污染物	micro-pollutant	
11.121	沾污	contamination	
11.122	沾污物	contaminant	
11.123	浊度	turbidity	
11.124	杰克逊[浊]度	Jackson turbidity unit	
11.125	散射[浊]度	nephelometric turbidity unit	
11.126	福尔马肼[浊]度	Formazin turbidity unit	
11.127	溶解固体	dissolved solids	
11.128	盐度	salinity	
11.129	高浊度水	ultra-turbid water	
11.130	软化水	softened water	
11.131	除盐水	desalinated water	
11.132	去离子水	demineralized water	
11.133	纯水	pure water	
11.134	腐蚀	corrosion	
11.135	结垢	scale	
11.136	污垢	fouling	
11.137	黏垢	slime	
11.138	侵蚀	aggressiveness	
11.139	春翻层	spring overturn	
11.140	先质	precursor	
11.141	腐殖质	humic substances, humics	
11.142	替代参数	surrogate parameter	
11.143	总有机碳	total organic carbon	
11.144	生化需氧量	biochemical oxygen demand, BOD	
11.145	总有机卤化物	total organic halogen	
11.146	给水水源	water supply source	
11.147	水源保护	water source protection	
11.148	取水构筑物	water intake works	
11.149	电导率	conductivity	
11.150	电阻率	resistivity	
11.151	悬浮固体	suspended solids	
11.152	超纯水	ultra-pure water	
11.153	游离性余氯	free residual chlorine	
11.154	化合性余氯	combined residual chlorine	
11.155	化学需氧量	chemical oxygen demand, COD	

序　码	汉　文　名	英　文　名	注　　释
11.156	碱度	alkalinity	
11.157	总大肠菌类	total coliform	

11.03　水　处　理

序　码	汉　文　名	英　文　名	注　　释
11.158	水处理	water treatment	
11.159	可处理性	treatability	
11.160	降解	degradation	
11.161	生物降解	biodegradation	
11.162	生物降解性	biodegradability	
11.163	[自来]水厂	water works	
11.164	处理流程	treatment flowsheet	
11.165	处理过程	treatment process	
11.166	处理方法	treatment process	
11.167	废水处置	wastewater disposal	
11.168	排出水处置	effluent disposal	
11.169	多级屏障思想	multiple barrier concept	
11.170	台架试验	bench test	
11.171	中试	pilot studies	
11.172	中试厂	pilot plant	
11.173	反应器	reactor	
11.174	间歇式反应器	batch reactor	
11.175	活塞流反应器	plug flow reactor	
11.176	完全混合反应器	complete-mix reactor	
11.177	投药	chemical feeding	
11.178	凝聚	coagulation	
11.179	絮凝	flocculation	
11.180	混合	mixing	
11.181	混凝	coagulation-flocculation	
11.182	絮体	floc	
11.183	凝聚剂	coagulant	又称"混凝剂"。
11.184	絮凝剂	flocculant	
11.185	杯罐试验	jar test	
11.186	澄清	clarification	
11.187	沉淀池	clarifier, sedimentation tank	
11.188	自然沉淀	plain sedimentation	
11.189	气浮池	flotation tank	
11.190	溶气罐	dissolving-air tank	

序　码	汉　文　名	英　文　名	注　释
11.191	浓缩池	thickener	
11.192	预滤池	preliminary filter, pre-filter	
11.193	后滤池	after-filter	
11.194	成熟期	ripening period	
11.195	初滤排水	filtrate to waste	
11.196	滤出水	filtrate	
11.197	滤进水	filter influent	
11.198	过滤	filtration	
11.199	助滤剂	filtering aid	
11.200	直接过滤	direct filtration	
11.201	直流过滤	in-line filtration	
11.202	滤床过滤	depth filtration, deep bed filtration	
11.203	泄漏	breakthrough	
11.204	活性炭吸附	activated carbon adsorption	
11.205	吸附等温线	adsorption isotherm	
11.206	消毒	disinfection	
11.207	消毒剂	disinfectant	
11.208	灭活	inactivation	
11.209	折点氯化	breakpoint chlorination	
11.210	氯胺化	chloramination	
11.211	曝气	aeration	
11.212	气水比	air-water ratio	
11.213	吹脱塔	stripping tower	
11.214	离子交换	ion exchange	
11.215	软化	softening	
11.216	除盐	desalination	
11.217	脱碱	dealkalization	
11.218	除硅	desilication	
11.219	再生	regeneration	
11.220	顺流再生	co-current regeneration	
11.221	逆流再生	counter-current regeneration	
11.222	工作交换容量	operating exchange capacity	
11.223	再生水平	regeneration level	
11.224	超滤	ultra-filtration	
11.225	电渗析法	electrodialysis process	
11.226	反渗透法	reverse osmosis process	
11.227	膜分离法	membrane separation process	

序 码	汉 文 名	英 文 名	注 释
11.228	冷却塔	cooling tower	
11.229	填料	packing	
11.230	浓缩倍数	cycles of concentration	
11.231	零排污	zero blowdown	
11.232	缓蚀剂	corrosion inhibitor	自来水厂为防止水对管道腐蚀加入的物质。
11.233	阻垢剂	scale inhibitor	
11.234	污垢抑制	fouling inhibition	
11.235	微生物控制	microbiological control	
11.236	朗热利耶指数	Langelier index	曾称"兰格利尔指数"。
11.237	里兹纳指数	Ryznar index	曾称"赖兹纳指数"。
11.238	分散剂	dispersant	
11.239	预膜	prefilming	
11.240	污垢热阻	fouling resistance	
11.241	异养菌总数	total heterotrophic bacteria count	
11.242	稳定	stabilization	
11.243	预膜剂	prefilming agent	
11.244	杀生物剂	biocide	
11.245	低限效应	threshold effect	
11.246	增效作用	synergism	
11.247	拮抗作用	antagonism	
11.248	悬浮生长生物法	suspended-growth biological process	
11.249	附着生长生物法	attached-growth biological process	
11.250	生化法	biochemical process	
11.251	需氧法	aerobic process	
11.252	厌氧法	anaerobic process	
11.253	硝化	nitrification	
11.254	反硝化	denitrification	又称"脱氮"。
11.255	脱磷	phosphorus removal	
11.256	脱氮	nitrogen removal	
11.257	生物量	biomass	
11.258	产率系数	yield coefficient	
11.259	自耗系数	decay coefficient	又称"内耗系数"。
11.260	固定化生物体	immobilized biomass	
11.261	生物膜	biofilm	

序 码	汉 文 名	英 文 名	注 释
11.262	活性污泥法	activated sludge process	
11.263	食物－微生物〔量〕比	food-microorganism ratio	
11.264	沉砂池	grit chamber	
11.265	曝气池	aeration tank	
11.266	污泥容积指数	sludge volume index	
11.267	污泥沉降比	sludge settling ratio	
11.268	氧摄取率	oxygen uptake rate	又称"氧吸收率"。
11.269	传氧效率	oxygen transfer efficiency	
11.270	充氧能力	oxygenation capacity	
11.271	回流污泥	return sludge	
11.272	污泥膨胀	sludge bulking	
11.273	隔油池	oil separator	
11.274	消化池	digester	
11.275	原污泥	raw sludge	
11.276	活性污泥	activated sludge	
11.277	消化污泥	digested sludge	
11.278	沼气	biogas	
11.279	消化	digestion	
11.280	污泥浓缩	sludge thickening	
11.281	污泥脱水	sludge dewatering	
11.282	污泥淘洗	sludge elutriation	
11.283	污泥真空过滤	sludge vacuum filtration	
11.284	污泥压滤	sludge press filtration	
11.285	污泥干化	sludge drying	
11.286	污泥焚化	sludge incineration	
11.287	堆肥	composting	
11.288	给水处理厂	water treatment plant	
11.289	废水处理厂	wastewater treatment plant	
11.290	土地处理	land treatment	
11.291	海洋处置	ocean disposal	
11.292	河流处置	river disposal	
11.293	混凝剂	coagulant	
11.294	接触絮凝	contact flocculation	
11.295	容积絮凝	volume flocculation	
11.296	絮凝池	flocculating tank	
11.297	斜管沉淀池	tube settler	

序 码	汉 文 名	英 文 名	注 释
11.298	平流沉淀池	horizontal flow sedimentation tank	
11.299	辐流沉淀池	radial-flow sedimentation tank	
11.300	澄清池	solids contact clarifier	
11.301	慢滤池	slow sand filter, slow filter	
11.302	快滤池	rapid sand filter, rapid filter	
11.303	表面过滤	surface filtration	
11.304	恒速过滤	constant rate filtration	
11.305	递降速过滤	declining rate filtration	
11.306	滤速	filter rate	
11.307	强制滤速	forcing filter rate	
11.308	冲洗强度	backwash rate	
11.309	过滤周期	filter run	
11.310	氯化	chlorination	
11.311	臭氧化	ozonization	
11.312	湿球温差	approach	
11.313	冷却温差	cooling range	
11.314	混合床离子交换	mixed bed ion exchange	
11.315	移动床离子交换	moving-bed ion exchange	
11.316	双层床离子交换	stratified bed ion exchange	
11.317	流化床离子交换	fluidized bed ion exchange	
11.318	缓蚀	corrosion inhibition	
11.319	一级处理	primary treatment	
11.320	二级处理	secondary treatment	
11.321	三级处理	tertiary treatment	
11.322	高级处理	advanced treatment	
11.323	深度处理	advanced treatment	
11.324	终级处理	polishing	
11.325	物化法	physico-chemical process	
11.326	氧化沟	oxidation ditch	
11.327	固体负荷	solid loading	
11.328	容积负荷	volumetric loading	
11.329	有机负荷	organic loading	
11.330	混合液	mixed liquor	
11.331	废[弃]污泥	waste sludge	
11.332	剩余污泥	excess sludge	
11.333	污泥龄	sludge age	
11.334	稳定塘	stabilization pond	

序 码	汉 文 名	英 文 名	注 释
11.335	氧化塘	oxidation pond	
11.336	需氧塘	aerobic pond	
11.337	厌氧塘	anaerobic pond	
11.338	兼性塘	facultative pond	
11.339	曝气塘	aerated lagoon	
11.340	隐化池	Imhoff tank	又称"双层沉淀池"。
11.341	初沉污泥	primary sludge	
11.342	二沉污泥	secondary sludge	
11.343	污泥调理	sludge conditioning	
11.344	污泥消化	sludge digestion	

12. 燃气与供热

序 码	汉 文 名	英 文 名	注 释

12.01 燃气气源

序码	汉文名	英文名	注释
12.001	燃气	gas	
12.002	城镇燃气	city gas, town gas	
12.003	气体燃料	gaseous fuel	
12.004	天然气	natural gas	
12.005	液化天然气	liquefied natural gas, LNG	
12.006	天然气田	natural gas field	
12.007	天然气井	natural gas well	
12.008	天然气采集系统	gathering system of natural gas	
12.009	天然气储量	reserves of natural gas	
12.010	矿井气	mine drainage gas, mine gas	
12.011	人工燃气	manufactured gas, manufactured fuel gas	
12.012	煤制气	coal gas	
12.013	干馏	carbonization	又称"炭化"。
12.014	干馏煤气	carbonization gas, carbureted gas	
12.015	焦炉煤气	coke-oven gas	
12.016	炭化炉煤气	retort gas	
12.017	燃气产率	gas yield	
12.018	[炼]焦炉	coke-oven	
12.019	直立式炭化炉	vertical retort	

序　码	汉　文　名	英　文　名	注　释
12.020	气化	gasification	
12.021	气化煤气	gasification gas	
12.022	发生炉煤气	producer gas	
12.023	水煤气	water gas, blue gas, blue water gas	
12.024	压力气化煤气	pressurized gas	
12.025	气化炉	gasifier, gas producer	
12.026	地下气化	underground gasification of coal	
12.027	油制气	oil gas	
12.028	热裂解气	thermally cracked gas	
12.029	催化裂解气	catalytically cracked gas	
12.030	油气化炉	oil gasifier	
12.031	液化石油气	liquefied petroleum gas, LPG	
12.032	掺混气	mixed gas	
12.033	改制气	reformed gas	
12.034	合成气	synthesis gas	
12.035	代用天然气	substitute natural gas, SNG	
12.036	调峰气	peak load gas, stand-by gas, peak-shaving gas	
12.037	一氧化碳变换	shift conversion of carbon monoxide	
12.038	甲烷化	methanization, methanation	
12.039	净化	purification	
12.040	副产品回收	by-product recovery	
12.041	脱焦油	tar removal	
12.042	脱苯	benzol removal, debenzolization	
12.043	脱氨	ammonia removal	
12.044	脱萘	naphthalene removal	
12.045	脱硫	desulfurization, sulfur removal, sweetening	
12.046	脱水	water removal, dehydration	
12.047	洗涤塔	washing tower, washer, scrubber	
12.048	燃气排送机	exhauster	又称"抽风机"。

12.02　燃　气　输　配

序　码	汉　文　名	英　文　名	注　释
12.049	燃气需用量	gas demand, gas load	又称"燃气负荷"。
12.050	供气	gas delivery, gas supply	
12.051	用气定额	gas consumption quota	又称"用气量指标"。
12.052	用气量	gas consumption	

序 码	汉 文 名	英 文 名	注 释
12.053	高峰负荷	peak load	
12.054	不均匀系数	variation factor, coefficient of uniformity	
12.055	同时工作系数	coincidence factor	
12.056	城市燃气输配系统	gas transmission and distribution system	
12.057	城市燃气门站	city gas gate station, town border station	
12.058	燃气输送干线	gas transmission line, gas main	又称"输气管线"。
12.059	压缩[机]站	compressor station	又称"压气站"。
12.060	燃气压缩机	gas compressor	
12.061	燃气管网系统	gas distribution system, gas network	
12.062	单级管网系统	single-stage system	
12.063	两级管网系统	two-stage system	
12.064	三级管网系统	three-stage system	
12.065	多级管网系统	multi-stage system	
12.066	枝状管网	branched network	
12.067	环状管网	looping network	
12.068	燃气管道	gas pipeline, gas line	
12.069	输气管道	transmission pipeline	
12.070	配气管道	gas distribution pipeline	
12.071	室内燃气管道	building gas pipe, service pipe, indoor pipe	
12.072	厂区管道	house-service gas pipe	
12.073	燃气阀	gas valve	
12.074	输气压力	distribution pressure	
12.075	燃气压力调节	gas pressure regulation	
12.076	燃气调压器	gas pressure regulator, governor	
12.077	调压站	regulator station	
12.078	燃气计量	gas metering	
12.079	燃气表	gas meter, flow meter	
12.080	燃气储存	gas storage	
12.081	管道储气	gas line packing	
12.082	地下储气	gas underground storage	
12.083	储气罐	gas holder	
12.084	储配站	gas holder station	

序 码	汉 文 名	英 文 名	注 释
12.085	液化石油气储存	LPG storage	
12.086	液化石油气运输	LPG transportation	
12.087	液化石油气供应	LPG supply, distribution of LPG	
12.088	液化石油气储配站	LPG distribution station	又称"储灌站"。
12.089	城市燃气调度	city gas dispatch	
12.090	强度试验	pressure test, strength test	
12.091	气密[性]试验	tightness test	
12.092	加臭	odorization	
12.093	吹扫	blow down, purging, emptying	
12.094	检漏	leak detection	
12.095	置换	replacement	

12.03 燃 气 应 用

序 码	汉 文 名	英 文 名	注 释
12.096	发热量	heating value, calorific value	又称"热值"。
12.097	华白[指]数	Wobbe index, Wobbe number	
12.098	燃气爆炸	gas explosion	
12.099	爆炸极限	explosive limit	
12.100	燃气互换性	interchangeability of gas	
12.101	燃烧特性	combustion characteristics	
12.102	着火	ignition	
12.103	火焰传播速度	flame speed, rate of flame propagation	
12.104	燃烧势	combustion potential	
12.105	点火	lighting, ignition	
12.106	燃烧	combustion	
12.107	火焰	flame	
12.108	脱火	blow-off	
12.109	回火	back fire	
12.110	熄火	extinction of a flame, quenching of a flame, flame failure	
12.111	离焰	flame-lift, lifting	
12.112	黄焰	yellow flame	
12.113	完全燃烧	complete combustion	
12.114	不完全燃烧	incomplete combustion	
12.115	稳定燃烧	stable combustion	
12.116	扩散[式]燃烧	diffusion combustion	

序 码	汉 文 名	英 文 名	注 释
12.117	部分预混[式]燃烧	partially aerated combustion, Bunsen combustion	又称"本生燃烧"。
12.118	完全预混[式]燃烧	pre-aerated combustion	又称"无焰燃烧"。
12.119	脉冲燃烧	pulse combustion	
12.120	低氧化氮燃烧	low NOx combustion	
12.121	催化燃烧	catalytic combustion	
12.122	浸没燃烧	submerged combustion, immersion combustion	
12.123	燃烧器	burner	又称"喷燃器"。
12.124	扩散式燃烧器	diffusion flame burner	
12.125	大气式燃烧器	atmospheric burner	
12.126	鼓风式燃烧器	air blast burner, fun-assisted burner	
12.127	引射式燃烧器	injection burner	
12.128	红外线燃烧器	infrared burner	
12.129	高速燃烧器	high velocity burner	
12.130	燃气辐射管	gas fired radiant tubes	
12.131	燃气压力	gas pressure	
12.132	燃气额定压力	gas rated pressure	
12.133	额定热负荷	rated heat input, rated heat load	
12.134	标准额定热负荷	normal rated heat load	
12.135	折算热负荷	reduced heat input	
12.136	燃[气用]具	gas appliance	
12.137	家用燃[气用]具	domestic gas appliance	
12.138	商业燃[气用]具	commercial gas appliance	
12.139	工业燃[气用]具	industrial gas appliance	
12.140	开放式燃[气用]具	flueless gas appliance, unvented type	
12.141	半密闭式燃[气用]具	flued gas appliance, vented type	
12.142	密闭式燃[气用]具	balanced-flued gas appliance, direct vented type	
12.143	燃气灶	hotplate, gas cooker	

序 码	汉 文 名	英 文 名	注 释
12.144	燃气锅炉	gas boiler	
12.145	燃气热水器	gas water heater	
12.146	燃气供暖器	gas space heater	
12.147	燃气工业炉	industrial gas furnace	
12.148	燃具试验	gas appliance test	
12.149	试验[燃]气	test gas	
12.150	基准[燃]气	reference gas	
12.151	界限[燃]气	limit gas	
12.152	点火装置	ignition device	
12.153	安全装置	safety device	
12.154	切断装置	shutoff device	
12.155	熄火安全装置	flame failure device, flame safe-guard	又称"熄火保护装置"。
12.156	防止不完全燃烧装置	oxygen depletion safety shut off device	

12.04 供热、供热系统与热负荷

序 码	汉 文 名	英 文 名	注 释
12.157	供热	heat-supply	
12.158	集中供热	centralized heat-supply	
12.159	联片供热	group heating	
12.160	区域供热	regional heating	
12.161	城市供热	municipal heat-supply	
12.162	分散供热	decentralized heat-supply	
12.163	热化	thermalization	
12.164	热化系数	thermalization coefficient	
12.165	热电联产	heat and power cogeneration	
12.166	供热能力	heating capacity	
12.167	供热半径	heat range of heat-supply service	
12.168	供热系统	heat-supply system	
12.169	区域锅炉房供热系统	heat-supply system based upon heating plant	
12.170	热电厂供热系统	heat-supply system based upon heating power cogeneration plant	
12.171	低温核供热系统	heat-supply system based upon low temperature nuclear reactor	
12.172	工业余热供热系统	heat-supply system based upon industrial waste heat	

序　码	汉　文　名	英　文　名	注　释
12.173	地热供热系统	heat-supply system based upon geo-thermal energy	
12.174	热水供热系统	steam heat-supply system	
12.175	供热介质	heating medium	又称"热媒"。
12.176	供水	water supply	
12.177	回水	return water	
12.178	高温水	high-temperature hot water	
12.179	低温水	low-temperature hot water	
12.180	过热蒸汽	superheated steam	
12.181	饱和蒸汽	saturated steam	
12.182	二次蒸汽	flash steam	
12.183	补给水	make-up water	
12.184	凝结水	condensate	
12.185	供热介质参数	parameter of heating medium	
12.186	热负荷	heating load, thermal load	
12.187	标准额定热负荷	normal rated heat load	
12.188	最大热负荷	maximum heating load	
12.189	季节性热负荷	seasonal heating load	
12.190	供暖热负荷	space heating load	又称"采暖热负荷"。
12.191	常年性热负荷	year round heating load	
12.192	热水供应热负荷	hot water heating load	
12.193	生产工艺热负荷	process heating load	
12.194	热指标	heating index	
12.195	耗热量	heat consumption	
12.196	耗热定额	heat consumption quota	
12.197	耗汽量	steam consumption	
12.198	热负荷图	heating load diagram	
12.199	热负荷延续时间图	heating load duration graph	

12.05　供　热　热　源

序　码	汉　文　名	英　文　名	注　释
12.200	供热热源	heat source	
12.201	锅炉房	boiler plant	
12.202	区域供热锅炉房	regional heating plant	
12.203	热电厂	cogeneration power plant, heat and power plant	
12.204	低温核能供热堆	low temperature nuclear heating	

序　码	汉　文　名	英　文　名	注　　释
		reactor	
12.205	工业余热	industrial waste heat	
12.206	热泵	heat pump	
12.207	基本热源	base-load heat source	
12.208	峰荷热源	peak-load heat source	
12.209	备用热源	stand by heat source	
12.210	供热锅炉	heating boiler	
12.211	锅炉辅助设备	boiler auxiliaries	
12.212	锅炉水处理	boiler water treatment	
12.213	锅炉水除氧	boiler water deaeration	
12.214	供热式汽轮机	cogeneration turbine	
12.215	背压式汽轮机	back pressure turbine	
12.216	抽汽式汽轮机	extraction turbine	
12.217	基本加热器	primary calorifier	
12.218	尖峰加热器	peak load calorifier	

12.06　热　网

序　码	汉　文　名	英　文　名	注　　释
12.219	热网	heat-supply network	又称"热力网"。
12.220	蒸汽热网	steam heat-supply network	
12.221	单管制蒸汽热网	one-pipe steam heat-supply network	
12.222	双管制蒸汽热网	two-pipe steam heat-supply network	
12.223	多管制蒸汽热网	multipipe steam heat-supply network	
12.224	热水热网	hot-water heat-supply network	
12.225	开式热水热网	open-type hot-water heat-supply network	
12.226	闭式热水热网	closed-type hot-water heat-supply network	
12.227	供热管线	heat-supply pipeline	
12.228	供水管	water supply pipe	
12.229	回水管	water return pipe	
12.230	连通管	interconnecting pipe	
12.231	分段阀	sectioning valve	
12.232	放水阀	drain valve, blow off valve	
12.233	放气阀	vent valve	
12.234	疏水器	steam trap	
12.235	地上敷设	above-ground installation	

序　码	汉 文 名	英 文 名	注　释
12.236	地下敷设	underground installation	
12.237	管沟敷设	in-duct installation	
12.238	直埋敷设	directly buried installation	
12.239	套管敷设	casing installation	
12.240	管沟	pipe duct	
12.241	管道支座	pipe support	
12.242	管道支架	pipe trestle	
12.243	保温	insulation	
12.244	热损失	heat loss	
12.245	热补偿	compensation of thermal expansion	
12.246	补偿器	compensator for thermal expansion	
12.247	热伸长	thermal expansion	又称"热膨胀"。
12.248	比压降	specific pressure drop	
12.249	失水率	rate of water loss	
12.250	补水率	make-up water percentage	
12.251	凝结水回收率	condensate recovery percentage	
12.252	凝结水回收系统	condensate return system	

12.07　热力站与热用户

序　码	汉 文 名	英 文 名	注　释
12.253	热力站	thermal substation	
12.254	区域热力站	branch line thermal substation	
12.255	小区热力站	area thermal substation	
12.256	用户热力站	consumer thermal substation	
12.257	中继泵站	booster pump station	
12.258	混水装置	water admixing device	
12.259	减压阀	pressure reducing valve	
12.260	安全阀	safety valve	
12.261	热水储水箱	hot water storage tank	
12.262	二次蒸发箱	flash tank	
12.263	凝结水箱	condensate tank	
12.264	直接加热	direct heating	
12.265	间接加热	indirect heating	
12.266	换热器	heat exchanger	
12.267	表面式换热器	surface heat exchanger	
12.268	混合式换热器	direct contact heat exchanger	
12.269	汽－水换热器	steam-water heat exchanger	
12.270	水－水换热器	water-water heat exchanger	

序　码	汉　文　名	英　文　名	注　释
12.271	热用户	heat consumer	
12.272	热力入口	consumer heat inlet	
12.273	热用户连接方式	connecting method of consumer with heat-supply network	
12.274	直接连接	direct connection	
12.275	间接连接	indirect connection	
12.276	混水连接	water-mixing direct connection	

12.08　调　节　与　控　制

序　码	汉　文　名	英　文　名	注　释
12.277	定压方式	pressurization methods	
12.278	定压点	pressurization point	
12.279	定压装置	pressurization installation	
12.280	水压图	pressure diagram	
12.281	静水压线	static pressure line	
12.282	动水压线	operation pressure	
12.283	工作压力	working pressure	
12.284	允许压力	maximum permissible pressure	
12.285	富裕压力	safety pressure margin	
12.286	汽化压力	saturation steam pressure	
12.287	水力工况	hydraulic regime	
12.288	水力稳定性	hydraulic stability	
12.289	水力失调	hydraulic misadjustment	
12.290	热力失调	thermal misadjustment	
12.291	汽－水冲击	steam-water shock	
12.292	供热系统水击	water hammer of heat-supply system	
12.293	调节	regulation	
12.294	运行调节	operation regulation	
12.295	集中调节	centralized regulation	
12.296	局部调节	localized regulation	
12.297	质调节	constant flow control	
12.298	量调节	variable flow control	
12.299	调节阀	control valve	
12.300	流量调节阀	flow control valve	
12.301	温度调节阀	temperature control valve	
12.302	压力调节阀	pressure control valve	
12.303	调节阀流量特性	flow characteristics of regulating valve	

13. 工 程 施 工

序　码	汉 文 名	英 文 名	注　释

13.01　施 工 管 理

序码	汉文名	英文名	注释
13.001	施工项目管理	construction project management	又称"工程项目管理"。
13.002	施工管理	construction management	
13.003	招标	call for tenders, call for bids, invite for tender	
13.004	邀请招标	selective tendering, selective bidding	
13.005	议标	negotiated tendering, negotiated bidding	
13.006	公开招标	competitive tendering, competitive bidding	
13.007	招投标程序	tender procedure, bid procedure	
13.008	招标文件	tender documents, tendering documents	
13.009	工程量清单	bill of quantities	
13.010	技术条款	technical specifications	又称"技术要求说明"、"技术规范"。
13.011	标书表格	form of tender	
13.012	合同条件	conditions of contract	
13.013	投标保证书	tender security	
13.014	协议书表格	form of agreement	
13.015	投标人须知	instructions to tenderers, instructions to bidders	
13.016	投标截止时间	deadline for submission of tenders	
13.017	资格预审	pre-qualification	
13.018	标底	employer's estimate	
13.019	标价	tender price	
13.020	开标	tender opening	
13.021	评标	tender evaluation	
13.022	授标	award of contract	又称"决标"。
13.023	转包	assignment of contract, assign a	又称"转让"。

序　码	汉　文　名	英　文　名	注　　释
		contract	
13.024	合同文件	contract documents	
13.025	合同价	contract price	
13.026	总价合同	lump sum contract	
13.027	成本加酬金合同	cost reimbursement contract, cost plus fee contract	
13.028	单价合同	schedule of rates contract, unit rate contract	
13.029	分包合同	subcontract	
13.030	承包	contract, contracting	
13.031	开工	commencement of works	
13.032	竣工	completion of works	
13.033	延期	extension of time for completion	
13.034	误期赔偿费	liquidated damages for delay, liquidated damages	又称"违约罚款"。
13.035	缺陷责任期	defects liability period	又称"保修期"。
13.036	承包商	contractor	
13.037	分包商	subcontractor	
13.038	项目管理	project management	
13.039	施工组织设计	preparation of construction plan	
13.040	施工方案	arrangement and method for construction, statement of arrangements and methods for construction, arrangement and method statement	
13.041	临时设施	temporary facilities	
13.042	设计概算	preliminary estimate	
13.043	设计预算	detailed estimate	
13.044	施工图预算	working drawings based estimate, budget of construction drawing project	
13.045	施工预算	construction budget	
13.046	暂定金额	provisional sums	
13.047	预付款	advance payment, advance loan for mobilization	
13.048	进度款	interim payment, progress payment	又称"进度付款"。
13.049	施工决算	final settlement, final account	又称"竣工决算"。

序 码	汉 文 名	英 文 名	注 释
13.050	直接费	direct cost	
13.051	间接费	indirect cost	
13.052	管理费	overheads	
13.053	单位估价表	standard schedule of unit rates	
13.054	工程量计算	measurement of quantities	
13.055	施工进度计划	programme, progress plan, progress schedule	
13.056	施工进度管理	construction project time management	
13.057	网络进度计划	construction project schedule network diagram	
13.058	双代号网络图	arrow diagram	
13.059	单代号网络图	precedence network diagram	
13.060	横道图	bar charts	又称"甘特图(Gantt charts)"。
13.061	关键工序	critical activity	
13.062	关键路线法	critical path method, CPM	
13.063	质量管理	quality management	
13.064	变更	variation, change order	
13.065	工程保险	insurance of works	
13.066	履约保证	performance security	又称"履约保证金"。
13.067	保留金	retention money	
13.068	仲裁	arbitration	
13.069	不可预见费	provision for contingency, allowance for contingency	
13.070	竣工日期	completion date	
13.071	移交证书	taking-over certificate	又称"工程验收证书"。
13.072	竣工图	as built drawings	
13.073	施工图	working drawings	

13.02 施工与施工方法

序 码	汉 文 名	英 文 名	注 释
13.074	建筑红线	property line	
13.075	地界标志	property line post	
13.076	场地平整	site levelling, levelling of ground	
13.077	土方平衡	earthwork balance	
13.078	网格法	grid method	

序 码	汉 文 名	英 文 名	注 释
13.079	断面法	sectional method	
13.080	明沟排水	open channel drainage, open ditch drainage	
13.081	人工降低地下水位	artificial dewatering, lowering of underground water	
13.082	井点排水	well-point dewatering	
13.083	井点回灌	well-point back pumping	
13.084	水冲沉桩	water-jet piling, hydraulic jet piling	
13.085	锤击沉桩	hammer piling	
13.086	振动沉桩	vibration piling	
13.087	静力压桩	static press piling	
13.088	滑模	sliding form, slipform	
13.089	爬模	climbing form	
13.090	大模板	large form, gang form	
13.091	隧道模	tunnel form	
13.092	飞模	flying form, corbel form	
13.093	升板	lift slab	
13.094	拆模	removal of form	
13.095	预[加]应力	prestressing	
13.096	先张法	pretensioning method	
13.097	后张法	post-tensioning method	
13.098	张拉控制应力	jacking control stress, control stress for prestressing	
13.099	超张拉	over-stretching, over-tensioning	
13.100	孔道灌浆	duct grouting	又称"孔道压浆"。
13.101	成型工艺	moulding process	
13.102	钢模成型	steel form moulding	
13.103	长线台座成型	long line platform moulding	
13.104	胎模成型	socket form moulding	
13.105	拉模成型	pulling form moulding	
13.106	铸压成型	die casting moulding	
13.107	成组立模成型	vertical cassette form moulding	
13.108	离心成型	centrifugally spinning moulding	
13.109	冷拉	cold stretching	
13.110	冷拔	cold drawing	
13.111	点焊	point welding, spot welding	
13.112	电弧焊	arc welding	又称"弧焊"。

序 码	汉 文 名	英 文 名	注 释
13.113	钢筋对焊	steel bar butt welding	
13.114	钢筋电渣压力焊	steel bar flux press welding	
13.115	钢筋气压焊	steel bar gas-press welding	
13.116	钢筋机械连接	steel bar mechanical connecting	
13.117	钢筋冷压连接	steel bar cold-press connecting	
13.118	钢筋冷镦	steel bar button head forging	
13.119	混凝土养护工艺	concrete curing technology	
13.120	自然养护	natural curing	
13.121	蒸汽养护	steam curing	
13.122	电热养护	electric heat curing	
13.123	钢结构加工工艺	steel structure processing technology	
13.124	钢材剪切	steel cutting	
13.125	钢材矫正	steel rectification	
13.126	钢材弯曲	steel bending	
13.127	钢板矫平	steel planing	
13.128	钢材制孔	steel punching	
13.129	钢材边缘加工	steel edge processing	
13.130	钢材卷圆	steel plate rolling	
13.131	足尺放样	full scale layout, prototypic layout	
13.132	埋弧焊	embedded arc welding	
13.133	惰性气体保护电弧焊	inert gas shielded arc welding	
13.134	二氧化碳气体保护电弧焊	carbon dioxide gas shielded arc welding	
13.135	螺栓栽焊	bolt embedded welding	又称"电栓焊"。
13.136	水蒸气保护电弧焊	steam shielded arc welding	
13.137	熔化焊	fusion welding	
13.138	焊接缺陷	welding defect	
13.139	钢材除锈	steel rust removing	
13.140	喷射法除锈	shot rust removing	
13.141	机械除锈	mechanical rust removing	
13.142	手工除锈	hand rust removing	
13.143	火焰加热法除锈	fire heating rust removing	
13.144	化学处理法除锈	chemical rust removing	
13.145	金属防锈预处理	metal rust proofing	

序　码	汉　文　名	英　文　名	注　释
13.146	防腐处理	corrosion proofing, corrosion preventing treatment	

13.03　施工机械及施工工具

序　码	汉　文　名	英　文　名	注　释
13.147	履带式挖掘机	crawler excavator, caterpillar excavator	
13.148	轮胎式挖掘机	pneumatic tyred excavator	
13.149	斗轮式挖掘机	bucket wheel excavator	
13.150	链斗式挖掘机	chain bucket excavator	
13.151	斗轮式挖沟机	bucket wheel trencher	
13.152	链斗式挖沟机	chain bucket trencher	
13.153	盾构掘进机	shield tunnelling machine	
13.154	顶管掘进机	pipe jacking tunnelling machine	
13.155	推土机	bulldozer	
13.156	履带[式]起重机	crawler crane	
13.157	桅杆[式]起重机	mast crane	
13.158	塔式起重机	tower crane	
13.159	缆索起重机	cable crane	
13.160	单卷筒卷扬机	single drum winch, mono-drum winch	
13.161	双卷筒卷扬机	double drum winch, twin-drum winch	
13.162	齿轮齿条式升降机	rack and pinion hoist	
13.163	钢丝绳式升降机	guide rope hoist	
13.164	自行式铲运机	tractor scraper	
13.165	拖式铲运机	towed scraper	
13.166	自行式平地机	wheel grader	
13.167	拖式平地机	towed grader	
13.168	翻斗车	small dumper	
13.169	筒式柴油打桩锤	tubular diesel pile hammer	
13.170	导杆式柴油打桩锤	guide rod type diesel pile hammer	
13.171	振动桩锤	vibratory pile hammer	
13.172	柴油锤打桩架	diesel hammer pile driving frame	

序　码	汉　文　名	英　文　名	注　释
13.173	振动沉拔桩架	vibratory pile driving and extracting frame	
13.174	压桩机	pile press machine	
13.175	短螺旋成孔机	partial screw earth auger	
13.176	回转斗成孔机	drilling bucket boring machine	
13.177	冲抓成孔机	impact-grab boring machine	
13.178	全套管成孔机	full casing tube boring machine	
13.179	落锤打桩机	drop hammer pile driver	
13.180	振冲器	vibrating impacter	
13.181	静作用压路机	static roller	
13.182	振动压路机	vibratory roller	
13.183	轮胎压路机	pneumatic tyred roller	
13.184	组合式压路机	combination roller	
13.185	振动平板夯	vibratory plate compactor	
13.186	振动冲击夯	vibratory rammer, vibratory tamper	
13.187	爆炸式夯实机	explosion compactor, explosion rammer	
13.188	蛙式夯实机	frog compactor	
13.189	沥青混凝土搅拌设备	asphalt mixing plant	
13.190	沥青混凝土摊铺机	asphalt paver	
13.191	混凝土摊铺机	concrete paver, concrete spreader	
13.192	混凝土路面切缝机	concrete pavement expansion joint cutter	
13.193	稳定土拌和机	soil stabilizer	
13.194	混凝土搅拌机	concrete mixer	
13.195	混凝土搅拌楼	concrete batching and mixing tower	
13.196	混凝土搅拌站	concrete batching and mixing plant	
13.197	混凝土搅拌[运输]车	truck mixer	
13.198	混凝土泵	concrete pump	
13.199	混凝土布料杆	concrete placing boom	
13.200	混凝土喷射机	concrete spraying machine	
13.201	插入式混凝土振动器	internal concrete vibrator	
13.202	平板式混凝土振	plate concrete vibrator	

序　码	汉　文　名	英　文　名	注　释
	动器	vibratory pile driving and extracting hammer	
13.203	附着式混凝土振动器	form concrete vibrator	
13.204	混凝土振动台	concrete vibrating table, concrete vibration stand	
13.205	混凝土砌块成型机	concrete block moulding machine	
13.206	混凝土空心板成型机	concrete hollow slab moulding machine	
13.207	混凝土构件振动成型机	concrete member jolt moulding machine	
13.208	钢筋冷拉机	steel bar cold-drawing machine	
13.209	钢筋冷拔机	steel bar dieing-drawing machine	
13.210	钢筋切断机	steel bar shears	
13.211	钢筋调直切断机	steel bar straightening and shearing machine	
13.212	钢筋弯曲机	steel bar bender	
13.213	钢筋弯箍机	stirrup bender	
13.214	钢筋网成型机	steel net forming machine	
13.215	钢筋镦头机	steel bar header	
13.216	钢筋气压焊机	steel bar gas-press welding machine	
13.217	钢筋对焊机	steel bar butt welding machine	
13.218	预应力千斤顶	prestressing jack	
13.219	双作用千斤顶	double acting jack	
13.220	预应力钢筋张拉机	prestressed steel bar tensioning machine	
13.221	高空作业车	aerial work carriage	
13.222	高空作业平台	aerial work platform	
13.223	高处作业吊篮	aerial work basket	
13.224	灰浆搅拌机	mortar mixer	
13.225	灰浆输送泵	mortar conveying pump	
13.226	灰浆喷射器	mortar sprayer	
13.227	地面抹光机	floor trowelling machine	
13.228	地面磨光机	floor polisher	
13.229	水磨石机	terrazzo grinder	
13.230	地板刨平机	plank floor planer	
13.231	冲击钻[机]	percussion drill	

序 码	汉 文 名	英 文 名	注 释
13.232	射钉机	nail gun, nailer	
13.233	弯管机	pipe bender	
13.234	混凝土切割机	concrete cutting machine	
13.235	混凝土钻孔机	concrete drilling machine	
13.236	涂料喷射机	paint sprayer	
13.237	涂料弹涂机	paint catapult	
13.238	脚手架	scaffold	
13.239	脚手板	scaffold board	

14. 勘 察 与 测 量

序 码	汉 文 名	英 文 名	注 释

14.01 岩土成因分类

序 码	汉 文 名	英 文 名	注 释
14.001	岩浆岩	magmatic rock	又称"火成岩(igne-ous rook)"。
14.002	沉积岩	sedimentary rock	
14.003	变质岩	metamorphic rock	
14.004	硬质岩石	hard rock	简称"硬岩"。
14.005	软质岩石	weak rock	简称"软岩"。
14.006	未风化岩石	fresh rock	
14.007	微风化岩石	slightly weathered rock	
14.008	弱风化岩石	moderately weathered rock	
14.009	强风化岩石	highly weathered rock	
14.010	全风化岩石	completely weathered rock	
14.011	软化岩石	softening rock	
14.012	非软化岩石	unsoftening rock	
14.013	易溶性岩石	strongly soluble rock	
14.014	膨胀性岩石	expansive rock, swelling rock	
14.015	崩解性岩石	disintegrated rock	
14.016	盐渍化岩石	saline rock	
14.017	堆积土	accumulation soil	
14.018	残积土	residual soil	
14.019	坡积土	slope wash	
14.020	洪积土	diluvial soil, pluvial soil	
14.021	冲积土	alluvium, alluvial soil	

序 码	汉 文 名	英 文 名	注 释
14.022	淤积黏土	warved clay	
14.023	冰碛土	moraine, glacial till, till	
14.024	风积土	aeolian deposit	
14.025	海积土	marine soil	
14.026	崩解性土	disintegrated soil	
14.027	冻土	frozen soil	
14.028	填土	fill	
14.029	素填土	plain fill	
14.030	杂填土	miscellaneous fill	
14.031	冲填土	hydraulic fill, dredger fill	又称"吹填土"。
14.032	回填土	backfill	
14.033	质控填土	engineered fill	

14.02　不良地质现象

序 码	汉 文 名	英 文 名	注 释
14.034	泥石流	debris flow	
14.035	危岩	overhanging rock, hanging rock	
14.036	崩塌	collapse, toppling	
14.037	山崩	avalanche	
14.038	滑坡	landslide, slide	
14.039	断裂	fracture	
14.040	地裂	ground fracturing, ground fissuration	
14.041	流砂	quick sand, drift sand	
14.042	地面沉陷	land subsidence	
14.043	沉陷	subsidence	
14.044	震陷	earthquake subsidence	
14.045	喷水冒砂	sand boil	
14.046	冲沟	coombe, gulch	
14.047	开采沉陷	mining subsidence	
14.048	喀斯特	karst	又称"岩溶"。

14.03　原 位 测 试

序 码	汉 文 名	英 文 名	注 释
14.049	波速测定	wave velocity measurement	
14.050	静力触探试验	static penetration test, static cone test, cone penetration test, CPT	
14.051	孔压静力触探试验	cone penetration test with pore pressure measurement	

序 码	汉 文 名	英 文 名	注 释
14.052	动力触探试验	dynamic penetration test, dynamic sounding	
14.053	标准贯入试验	standard penetration test, SPT	
14.054	旁压试验	pressure meter test, PMT	
14.055	十字板剪切试验	vane test, FV, vane shear test	
14.056	平板载荷试验	plate-loading test	
14.057	螺旋板载荷试验	screw plate loading test	
14.058	现场剪切试验	in-situ shear test	
14.059	岩石应力量测	rock stress measurement	
14.060	应力解除法	stress relief method	
14.061	应力恢复法	stress recovery method	
14.062	套孔法	over-coring method	
14.063	门塞法	doorstopper method	

14.04 各类岩土工程勘察

序 码	汉 文 名	英 文 名	注 释
14.064	工程勘察	engineering investigation and survey	
14.065	地质点	point of observation, geologic observation point	
14.066	踏勘	walk-over survey, site reconnaissance	
14.067	工程地质测绘	engineering geological mapping	
14.068	选址勘察	siting investigation, siting survey	
14.069	地质适宜性	geological suitability	
14.070	场地稳定性	site stability	
14.071	场地复杂程度	site complexity	
14.072	岩土工程分级	categorization of geotechnical project	
14.073	工程岩体	engineering rock mass	
14.074	岩石坚硬程度	hardness degree of rock	
14.075	岩体完整程度	rock mass completeness	
14.076	结构面	structural plane	
14.077	结构面粗糙度	structural plane roughness	
14.078	结构面间距	spacing of structural planes	
14.079	岩体基本质量	rock mass basic quality	
14.080	岩石单轴饱和抗压强度	uniaxial saturated compressive strength of rock	
14.081	勘探	exploration	

序　码	汉　文　名	英　文　名	注　　释
14.082	勘探点	exploratory spot, exploratory point	
14.083	勘探线	exploratory line	
14.084	勘探孔	exploration hole	又称"勘探井(exploration well)"。
14.085	探槽	exploratory trench, test trench	
14.086	平硐	adit	
14.087	探井	exploratory pit, test pit, exploratory shaft	
14.088	斜井	inclined shaft	
14.089	竖井	shaft, vertical shaft	
14.090	钎探	rod sounding	
14.091	钻探	boring, drilling, exploration boring	
14.092	井探	test-pitting	
14.093	槽探	trenching	
14.094	综合物探法	comprehensive geophysical exploration method	
14.095	声波探测	sonic prospecting	
14.096	电测井	electric logging	
14.097	跨孔法	cross hole method	
14.098	遥感技术	remote sensing technique	
14.099	航片地质判读	geological interpretation of aerial photograph	又称"航片地质解释"。
14.100	工程地质剖面图	engineering geological profile	
14.101	综合柱状图	composite columnar section	
14.102	工程地质分区图	engineering geological zoning map	

14.05　水文地质勘察

序　码	汉　文　名	英　文　名	注　　释
14.103	径向流	radial flow	
14.104	水资源	water resources	
14.105	地下水总矿化度	total mineralization of ground water	
14.106	地下水硬度	ground water hardness	
14.107	地下水储量	ground water storage	
14.108	地下水补给量	ground water recharge capacity	
14.109	容许开采量	permissible yield	
14.110	地下水库	ground water reservoir	
14.111	地下水动态	ground water regime	
14.112	砂槽模型	sand box model	

序 码	汉 文 名	英 文 名	注 释
14.113	裂隙模型	model of fissuration	
14.114	常水头渗透试验	constant head permeability test	
14.115	变水头渗透试验	falling head permeability test	
14.116	渗水试验	in-situ permeability test	
14.117	注水试验	pumping test, water injection test	
14.118	压水试验	packer test	
14.119	地下水连通试验	ground water connectivity test	
14.120	地下水示踪试验	ground water tracer test	
14.121	水文地质参数	hydrogeological parameter	
14.122	渗透系数	permeability coefficient, filtration coefficient	
14.123	渗透率	permeability	
14.124	储水系数	storage coefficient, storativity	
14.125	导水系数	transmissivity	
14.126	导压系数	piezometric conductivity	
14.127	降水渗入系数	rainfall infiltration coefficient	
14.128	补给率	recharge rate	
14.129	给水度	specific yield	
14.130	弥散系数	dispersion coefficient	
14.131	疏干系数	dewatering coefficient, depletion coefficient	
14.132	体积比储水系数	specific storativity	
14.133	野外持水量	field water retaining capacity	又称"持水度"。
14.134	容水量	water capacity	
14.135	有效孔隙率	effective porosity	
14.136	越流因数	leakage factor	又称"越流因素"。
14.137	井函数	well function	
14.138	影响半径	radius of influence	
14.139	比流量	specific discharge	
14.140	测压水头	piezometric head	
14.141	测压高度	piezometric height	
14.142	地热资源	geothermal resource	
14.143	地下水露头	outcrop of ground water	
14.144	泉	spring	
14.145	井	well	

序 码	汉 文 名	英 文 名	注 释

14.06 工 程 测 量

序 码	汉 文 名	英 文 名	注 释
14.146	工程测量	engineering surveying	
14.147	工程控制网	engineering control network	
14.148	工程水准测量	engineering leveling	
14.149	施工控制网	construction control network	
14.150	施工测量	construction surveying	
14.151	放线	setting out, setting out of route, lay out of route	
14.152	建筑坐标系	building coordinate system	
14.153	施工坐标系	construction coordinate system	
14.154	直角坐标法	rectangular coordinate method	
14.155	极坐标法	polar coordinate method	
14.156	长度交会法	linear intersection method	
14.157	角度交会法	angle intersection method	
14.158	竣工测量	final survey	
14.159	竣工总平面图	general plan of as-built works	
14.160	带状地形图	strip map, belt topographic map	
14.161	纵断面测量	profile surveying	
14.162	横断面测量	cross-section surveying, cross leveling	
14.163	城市三角测量	urban triangulation surveying	
14.164	城市导线测量	urban traverse surveying	
14.165	主轴线测设	setting out of main axis	
14.166	建筑物轴线放样	setting out of building axes	
14.167	建筑物放样	setting out of building	
14.168	土地平整测量	surveying for land levelling	
14.169	建筑方格网	building square grid	
14.170	激光铅垂仪	laser plummet apparatus	
14.171	面水准	area levelling	
14.172	精密定线	precise alignment	
14.173	激光准直仪	laser collimator	
14.174	激光准直法	method of laser alignment	
14.175	液体静力水准仪	hydro-static levelling instrument	

15. 检 测

序 码	汉 文 名	英 文 名	注 释
		15.01 现场检测方法	
15.001	现场检测方法	in-situ check and test method	
15.002	静载试验	static loading test	
15.003	标准贯入度检验	standard penetration inspection	
15.004	钎探检验	pin exploration	
15.005	回填土密实度检验	earth-fill compactness inspection	
15.006	静力压桩试验	pile static loading test	
15.007	应变动测	deformation dynamic inspection	
15.008	波动法测桩	waving inspection for piles	
15.009	共振法测桩	resonance inspection for piles	
15.010	非破损检测	non-destructive inspection	
15.011	拉拔检验	bar drawing inspection	又称"拔出试验"。
15.012	钻芯取样检验	core-drilling inspection	
15.013	放射线穿透检测	radial activity inspection	
15.014	电磁诱导检测	magnetic induction inspection	
15.015	雷达检测	radar inspection	
15.016	气密试验	air tightness test	
15.017	焊缝着色试验	pigment test of welds	
15.018	磁粉探伤检验	magnetic powder detection	
15.019	X 射线照相检验	X-ray photo detection	
15.020	超声波探伤	ultrasonic flaw detection	
15.021	沉降观测	settlement observation	
15.022	激光定位测量	laser location surveying	
15.023	激光测距	laser stadia ranging, electronic distance measurement	
		15.02 检 测 仪 器	
15.024	检测仪器	testing instrument	
15.025	超声－回弹综合检测仪	ultrasonic-rebound combined detector	
15.026	回弹仪	resiliometer, rebound tester	

序　码	汉　文　名	英　文　名	注　释
15.027	水准式测角仪	level type angle gauge	
15.028	手持式变形仪	portable deflectometer	又称"手持式挠度仪"。
15.029	渗透试验仪	infiltration testing apparatus	
15.030	钻芯法混凝土检测仪	concrete core-drilling testing apparatus	
15.031	浮珠式标准压力发生器	buoy-ball type standard pressure producer	
15.032	手提式磁力探伤仪	portable magnetic flaw detector	
15.033	混凝土保护层测量仪	concrete cover meter	
15.034	磁粉探伤仪	magnetic powder flaw detector	
15.035	X 射线探伤仪	X-ray detector	
15.036	超声波探伤仪	ultrasonic flaw detector	
15.037	经纬仪	transit, theodolite	
15.038	水平仪	level	
15.039	平板仪	plane-table	

15.03　室　内　试　验

序　码	汉　文　名	英　文　名	注　释
15.040	粒径分析	granular metric analysis	
15.041	相对密度试验	relative density test	
15.042	稠度试验	consistency test	
15.043	压缩试验	compression test	
15.044	固结试验	consolidation test	
15.045	直剪试验	direct shear test	
15.046	三轴剪切试验	triaxial shear test	
15.047	无侧限抗压试验	unconfined compression test	
15.048	渗透试验	permeability test	
15.049	击实试验	compaction test	
15.050	冻融循环试验	freezing and thawing test	
15.051	不透水性试验	impermeability test	
15.052	老化试验	ageing test	
15.053	足尺试验	full scale test	
15.054	模型试验	model test	
15.055	试件	specimen	又称"试样"。
15.056	荷载试验	loading test	

序　码	汉 文 名	英 文 名	注　释
15.057	疲劳试验	fatigue test	
15.058	拟动力试验	pseudo-dynamic test	
15.059	破损试验	destructive test	又称"破坏试验"。
15.060	非破损试验	non-destructive test	又称"非破坏试验"。

15.04　实　验　力　学

序　码	汉 文 名	英 文 名	注　释
15.061	实验力学	experimental mechanics	
15.062	光弹性	photoelasticity	
15.063	云纹法	moire method	
15.064	全息照相	holograph	
15.065	模型理论	model theory	
15.066	量纲分析	dimensional analysis	
15.067	光塑性	photoplasticity	
15.068	脆性涂层法	brittle-coating method	
15.069	相似理论	similarity theory	
15.070	π 定理	π theorem	
15.071	破坏荷载	failure load	
15.072	破坏形式	failure mode	
15.073	裂缝图	crack pattern	
15.074	残余变形	residual deformation	

15.05　加荷设备及仪器

序　码	汉 文 名	英 文 名	注　释
15.075	加荷设备	loading facilities	
15.076	万能试验机	universal testing machine	
15.077	电液伺服试验设备	electro-hydraulic servo testing equipment	
15.078	试验台座	testing bed, testing stand	
15.079	风洞	wind tunnel	
15.080	振动台	shaking table	
15.081	激振器	vibration generator, exciter	又称"起振器"。
15.082	应变仪	strain indicator, strain gauge	
15.083	电阻应变片	electric resistance strain gauge	
15.084	传感器	transducer	
15.085	倾角仪	inclinometer	又称"测斜仪"。
15.086	千分表	dial gauge	
15.087	电容应变计	capacitance strain gauge	
15.088	引伸计	extensometer	又称"伸长计"。

序　码	汉文名	英文名	注　释
15.089	光弹性仪	photoelastic meter	
15.090	收敛计	convergence gauge	
15.091	测缝计	crack gauge, crack meter	
15.092	应变计	strainometer	
15.093	荷重计	load cell	
15.094	压力盒	pressure cell	
15.095	钢弦式应变计	vibrating wire strain gauge	
15.096	振动监测仪	vibration monitor	
15.097	流量计	flowmeter	
15.098	风速计	anemometer	
15.099	压强计	manometer	又称"测压计"。
15.100	甚高频测向仪	VHF direction finder, VHF-DF	
15.101	监控试片	monitoring coupon	

16.　地震工程与防震工程

序　码	汉文名	英文名	注　释
16.001	抗震设计	seismic design, aseismic design, earthquake resistant design	
16.002	抗震概念设计	conceptual seismic design	
16.003	地震作用	earthquake action	
16.004	多遇地震	frequently occurred earthquake	
16.005	罕遇地震	rarely occurred earthquake	
16.006	震源	earthquake focus	
16.007	震中	earthquake epicenter, epicenter	
16.008	里氏震级	Richter's magnitude	
16.009	震级	earthquake magnitude	
16.010	地震烈度	earthquake intensity	
16.011	基本烈度	basic intensity, zoning intensity	
16.012	设防烈度	fortification intensity	
16.013	设计烈度	design intensity	
16.014	地震区	earthquake region, seismic zone	
16.015	地震小区划分	seismic microzoning	
16.016	地震灾害	earthquake disaster	
16.017	地震震害	earthquake damage	
16.018	轻微破坏	slight damage	

序　码	汉　文　名	英　文　名	注　释
16.019	中等破坏	moderate damage	
16.020	严重破坏	severe damage	
16.021	倒塌	collapse	
16.022	减轻地震灾害	earthquake disaster mitigation	
16.023	地震反应	earthquake response	曾称"地震响应"。
16.024	反应谱	response spectrum	
16.025	近震	near earthquake	
16.026	远震	far earthquake	
16.027	场地	site	
16.028	场地类别	site category, site classification	
16.029	卓越周期	predominant period	
16.030	地震重现期	earthquake return period	
16.031	地震动	ground motion	又称"地面运动"。
16.032	地震波	seismic wave	
16.033	激振	excitation	
16.034	峰值加速度	peak acceleration	
16.035	峰值速度	peak velocity	
16.036	峰值位移	peak displacement	
16.037	能量耗散	energy dissipation	
16.038	能量吸收	energy absorption	
16.039	衰减	attenuation	
16.040	阻尼比	damping ratio	
16.041	隔振	vibration isolation	
16.042	减振器	vibration absorber	
16.043	隔振器	vibration isolator	
16.044	阻尼器	damper	
16.045	调频质量阻尼器	tuned mass damper, TMD	
16.046	调频液体阻尼器	tuned liquid damper, TLD, tuned sloshing damper	又称"调频晃动阻尼器"。
16.047	黏弹性阻尼器	viscoelastic damper	
16.048	模态叠加	mode superposition	
16.049	基本振型	fundamental mode of vibration	
16.050	基本周期	fundamental period	
16.051	自振周期	natural period of vibration	
16.052	动力特性	dynamic characteristics, dynamic property	又称"自振特性"。
16.053	集中质量	lumped mass	

序　码	汉 文 名	英 文 名	注　释
16.054	底部剪力法	equivalent base shear method	
16.055	振型分解法	modal analysis method	又称"振型叠加法"。
16.056	平方和的平方根法	square root of sum of squares method, SRSS	
16.057	完全二次型方根法	complete quadric combination method, CQC	
16.058	时程分析法	time history analysis method	
16.059	恢复力特性	hysteretic behavior, restoring force behavior	
16.060	滞回曲线	hysteresis loop, hysteresis curve	
16.061	骨架曲线	skeleton curve	
16.062	强柱弱梁	strong column and weak beam	
16.063	强剪弱弯	strong shear capacity and weak bending capacity	
16.064	层间位移	storey drift	
16.065	鞭梢效应	whipping effect	
16.066	薄弱楼层	weak storey	
16.067	抗震墙	seismic structural wall, earthquake resistant wall	
16.068	轴压比	axial compression ratio	
16.069	地震动孔隙水压力	seismic pore water pressure	
16.070	地震动土压力	seismic earth pressure, earthquake dynamic earth pressure	
16.071	饱和土液化	liquefaction of saturated soil	
16.072	液化等级	liquefaction category	

英 汉 索 引

A

air pressed shield　气压盾构　09.160

air temperature　空气温度　09.232

air tightness test　气密试验　15.016

air-water ratio　气水比　11.212

Airy stress function　艾里应力函数　02.186

algae-laden water　富藻水　11.101

algebraic difference between adjacent gradients　坡度差　08.149

alignment design　线形设计　07.152

alkali-aggregate reaction　碱集料反应　01.009

alkalinity　碱度　11.156

allowable bearing capacity　容许承载力　03.134

allowable density of harmful gas　有害气体容许浓度　09.231

allowable settlement　容许沉降量　03.131

allowable stress design method　容许应力设计法　04.009

allowance for contingency　不可预见费　13.069

allowance for sedimentation　备淤深度　10.143

alluvial soil　冲积土　14.021

alluvium　冲积土　14.021

alternate joint　相错式接头，＊相互式接头　08.198

alternative line　比较线　07.148

aluminium alloy sheet　铝合金板　01.193

aluminium sheet　铝板　01.192

ammonia removal　脱氨　12.043

amplitude　振幅　02.038

anaerobic pond　厌氧塘　11.337

anaerobic process　厌氧法　11.252

analogy method for beam on elastic foundation　弹性地基梁比拟法　06.124

anchor　锚固　05.175，防爬器　08.164

anchorage　锚具　04.158，锚碇　06.174

anchorage area　锚地　10.029

anchorage length　锚固长度　04.134

anchor bolt　锚栓　04.223

anchored bolt retaining wall　锚杆挡墙　03.161

anchored retaining wall　锚杆挡墙　03.161

anchoring strength　锚固强度　09.211

anchor mast　锚柱　08.212

anchor pier　锚墩　06.213

anchor plate　锚垫板　06.164

anchor slab　锚定板　03.160

anchor slab retaining wall　锚定板挡墙　03.162

anchor span　锚跨　06.191

anemometer　风速计　15.098

angle intersection method　角度交会法　14.157

angle of internal friction　内摩擦角　03.112

angle of rotation　转角　02.020

angle steel　角钢　01.182

angular acceleration　角加速度　02.024

angular velocity　角速度　02.023

anhydrite　无水石膏　01.116

anisotropy　各向异性　02.053

annual average daily traffic　年平均日交通量　07.061

annual average daily traffic volume　年平均日交通量　07.061

anstau　增水　10.065

antagonism　拮抗作用　11.247

anti-collision wall　防撞墙　06.156

anti creeper　防爬器　08.164

anti-dazzling screen　防眩屏　07.218

antifreeze agent　防冻剂　01.222

anti-glare screen　防眩屏　07.218

anti-slide pile　抗滑桩　03.163

approach　湿球温差　11.312

approach bridge　引桥　06.019

approach channel　进港航道　10.132

approach line　进出站线路　08.092

approach section　接近区段　09.255

approach slab　桥头搭板　06.154

apron　前沿作业地带　10.035

aquitard　隔水层　07.203

arbitration　仲裁　13.068

arch　拱　02.127

arch action　成拱作用　09.049

arch axis coefficient　拱轴系数　06.128

arch bridge　拱桥　06.059

arching　成拱作用　09.049

arch roof truss　拱形屋架　05.135

arch slice bridge　拱片桥　06.063

arch support　拱座　05.147

arc spot weld　电弧点焊　04.229

arc welding　电弧焊，＊弧焊　13.112

area levelling　面水准　14.171

area thermal substation　小区热力站　12.255

armor block　护面块体　10.126

armor layer　面层　10.125

arrangement and method for construction　施工方案　i3.040

arrangement and method statement　施工方案　13.040

arrow diagram　双代号网络图　13.058

arterial road　主干路　07.007

artesian well　自流井　11.107

artificial decorative board　人造饰面板　01.156

artificial dewatering　人工降低地下水位　13.081

artificial marble　人造大理石　01.086

artificial stone　人造石材　01.084

asbestos ash　石棉灰　01.261

asbestos board　石棉板　01.264

asbestos cement sheet　石棉水泥瓦　01.068

asbestos paper　石棉纸　01.262

asbestos pipe　石棉管　01.265

asbestos rope　石棉绳　01.266

asbestos tile　石棉瓦　01.263

as built drawings　竣工图　13.072

ascent of elevation　拔起高度，*克服高度　08.134

aseismic design　抗震设计　16.001

aseismic joint　防震缝　05.180

asphalt　沥青　01.121

asphalt chip　沥青石屑　01.131

asphalt concrete pavement　沥青混凝土路面　07.188

asphalt mixing plant　沥青混凝土搅拌设备　13.189

asphalt mortar　沥青砂浆　01.259

asphalt pavement　沥青路面　07.189

asphalt paver　沥青混凝土摊铺机　13.190

asphalt sand　沥青砂　01.130

assembled frog　组合式辙叉　08.267

assembling bolt　安装螺栓　04.257

assembly jig　组装胎型　06.246

assign a contract　转包，*转让　13.023

assignment of contract　转包，*转让　13.023

assisting grade　加力牵引坡度　08.109

at-grade intersection　平面交叉　07.033

atmospheric burner　大气式燃烧器　12.125

attached-growth biological process　附着生长生物法　11.249

attenuation　衰减　16.039

automatic classification yard　自动化调车场　08.049

auxiliary pier　辅助墩　06.214

auxiliary road　辅路　07.010

avalanche　山崩　14.037

average daily traffic　平均日交通量　07.060

average daily traffic volume　平均日交通量　07.060

average day consumption　平均日用水量　11.027

award of contract　授标，*决标　13.022

axial compression ratio　轴压比　16.068

axial compressive strength　轴心抗压强度　04.081

axial force　轴[向]力　02.081

axial force diagram　轴力图　02.087

axial tensile strength　轴心抗拉强度　04.083

B

back analysis　反[演]分析　09.082

backfill　回填土　14.032

backfill grouting　回填注浆　09.283

back-filling　回填　09.133

back fire　回火　12.109

back pressure turbine　背压式汽轮机　12.215

backwash rate　冲洗强度　11.308

balanced cantilever construction　平衡悬臂施工　06.228

balanced eccentricity　界限偏心距　04.139

balanced-flued gas appliance　密闭式燃[气用]具　12.142

balanced reinforcement beam　界限配筋梁，*平衡配筋梁　04.102

balancing factor for increasing live load　活载发展均衡系数　06.137

ballast　道碴　08.155

ballast bed　道床　08.156

ballast cleaning　清筛道床　08.240

ballast distributing and trimming　道床配碴整形　08.242

ballasted track　有碴轨道　08.182

ballasting 铺碴 08.246

ballastless deck 无碴桥面 08.181

ballastless track 无碴轨道 08.180

ballast packing 垫碴 08.244

ballast pocket 道碴袋 08.300

ballast ramming 道床夯实 08.241

bamboo 原竹 01.158

bamboo plywood 竹胶合板 01.159

banded matrix 带状矩阵 02.298

band width 带宽 02.299

bank protection 护岸 10.116

bank revetment 护岸 10.116

bar 杆件 02.047

bar charts 横道图 13.060

bar drawing inspection 拉拔检验, *拔出试验 15.011

barrel vault 圆柱壳, *筒壳 05.037

bar screen 格栅 11.114

bar structure 杆系结构 05.013

basalt 玄武岩 01.071

base course 基层 07.191

base-load heat source 基本热源 12.207

basic intensity 基本烈度 16.011

basic wind pressure 基本风压 04.034

basin 港池 10.027

basket 挂篮 06.243

batching 混凝土配合料 01.017

batch reactor 间歇式反应器 11.174

bateau bridge 舟桥, *浮桥 06.043

batten plate 缀板 04.219

Bauschinger effect 包辛格效应 04.076

beam 梁 02.076

beam and slab floor 梁式楼板 05.125

beam bridge 梁式桥 06.048

beam on elastic foundation 弹性地基梁 05.090

bearing 支座 06.178

bearing capacity 承载能力 04.068

bearing mark 方位标志 10.172

bearing pad 垫板 05.149

bearing plate 支承板 04.234, 垫板 05.149

bearing stratum 持力层 03.132

bearing wall 承重墙 05.118

bed course 垫层 07.193

bed sweeping 扫海 10.192

belt topographic map 带状地形图 14.160

bench 台阶 09.141

bench cut method 台阶开挖法 09.119

bench test 台架试验 11.170

bending 弯曲 02.074

bending moment 弯矩 02.079

bending moment diagram 弯矩图 02.085

bent 排架 05.019

bent cap 盖梁, *帽梁 06.212

bent-up bar 弯起钢筋 04.122

benzol removal 脱苯 12.042

berm 护道 08.292, 戗台 10.127

Bernoulli theorem 伯努利定理 02.245

berth 泊位 10.030

berth occupancy 泊位利用率 10.036

berth telephone 泊位电话 10.159

berth throughput capacity 泊位通过能力 10.037

biaxial strength 双轴强度 04.086

bid procedure 招投标程序 13.007

bifurcation 分岔, *分支 02.111

bill of quantities 工程量清单 13.009

bi-moment 双力矩 02.115

binder course 联结层 07.202

biochemical oxygen demand 生化需氧量 11.144

biochemical process 生化法 11.250

biocide 杀生物剂 11.244

biodegradability 生物降解性 11.162

biodegradation 生物降解 11.161

biofilm 生物膜 11.261

biogas 沼气 11.278

biomass 生物量 11.257

bitter spar 白云石 01.076

bitumen 沥青 01.121

bitumen-aggregate ratio 油-石比 01.048

bitumen rate 含油率 01.049

bituminous concrete pavement 沥青混凝土路面 07.188

bituminous macadam mixture 沥青碎石混合料 01.129

bituminous mixture 沥青混合料 01.128

bituminous pavement 沥青路面 07.189

blade 尖轨 08.274

blasting cap 雷管 09.091

blasting compaction 爆炸挤密 03.195

blasting crater 爆破漏斗 09.103

blending material 混合材 01.109

blind ditch design 盲沟设计 07.168

blind drain 盲沟 09.269

blind drain design 盲沟设计 07.168

block 方块 10.109，护面块体 10.126

block masonry 砌块砌体 04.261

block stone 块石，*加工石 01.078

block-type connector 块式连接件 04.276

bloom 水华 11.097

blowdown 排污 11.017

blow down 吹扫 12.093

blowing system of ventilation 压入式通风 09.237

blow-off 脱火 12.108

blow off valve 放水阀 12.232

blow up 拱胀 07.237

blue gas 水煤气 12.023

blue water gas 水煤气 12.023

board 薄板 01.150

boat bridge 舟桥，*浮桥 06.043

BOD 生化需氧量 11.144

body of abutment 台身 06.210

boiler auxiliaries 锅炉辅助设备 12.211

boiler plant 锅炉房 12.201

boiler water deaeration 锅炉水除氧 12.213

boiler water treatment 锅炉水处理 12.212

bolster 梁垫 04.270

bolt 螺栓 04.186

bolted and welded steel bridge 栓焊钢桥 06.093

bolted connection 螺栓连接 04.179

bolted joint 螺栓连接 04.246

bolted spherical node 螺栓球节点 05.169

bolt embedded welding 螺栓栽焊，*电栓焊 13.135

bolting jumbo 安装锚杆台车 09.182

bolt length 锚杆长度 09.209

bond slip 黏结滑移 04.097

bond stress 黏结应力 04.096

booster pump station 中继泵站 12.257

booster station 加压泵站 11.035

boot-beam plate 靴梁 04.221

bored tunnel 暗挖隧道 09.036

borehole depth 炮眼深度 09.085

borehole diameter 炮眼直径 09.086

boring 钻探 14.091

boring log 钻孔柱状图，*钻孔记录 03.055

bottom chord 下弦 05.154

bottom lateral bracing 下平联 06.186

bottom-up construction method 顺筑法 09.125

boulder 块石，*加工石 01.078，*漂石 03.015

boundary element 边界元 02.300

boundary layer 边界层 02.265

boundary line of road construction 道路建筑限界 07.165

bowstring roof truss 拱形屋架 05.135

box arch bridge 箱形拱桥 06.066

box foundation 箱形基础 03.172

box girder 箱形梁 05.102

box girder bridge 箱梁桥 06.057

brace pile 叉桩 10.111

bracing 支撑 05.159

bracket 牛腿 05.151

brackish water 苦咸水 11.089

braking force 制动力 06.108

braking pier 制动墩 06.194

branched network 枝状管网 12.066

branching network 枝状管网 11.031

branch line 支线 08.074

branch line thermal substation 区域热力站 12.254

branch road 支路 07.009

branch turnout 分路道岔 08.063

breaker 破碎波 10.058

breaking wave 近破波 10.130

breakpoint chlorination 折点氯化 11.209

breakthrough 贯通 09.134

breakthrough 泄漏 11.203

breakwater 防波堤 10.114

breakwater core 堤心 10.124

breakwater gap 防波堤口门 10.024

breast board 开挖面挡土板 09.215

breast wall 前墙，*胸墙 06.204

brick 砖 01.053

brick masonry 砖砌体 04.259

bridge abutment 桥台 06.198

bridge axis 桥轴线 06.030

bridge deck drainage 桥面排水 06.176

bridge deck pavement 桥面铺装 06.175

bridge deck slab 桥面板 06.157

bridge end transition slab 桥头搭板 06.154

bridge erection by floating 浮运架桥法 06.226

bridge-erection crane 架桥机 06.244

bridge floor system 桥面系 06.190

bridge location 桥位，＊桥址 06.001

bridge mark 桥涵标 10.181

bridge pier 桥墩 06.192

bridge site 桥位，＊桥址 06.001

brine 盐水 11.087

brisance 爆炸威力 09.098

brittle-coating method 脆性涂层法 15.068

brittle failure 脆性破坏 04.066

broad gauge 宽轨 08.003

broad tie 宽轨枕 08.188

broken wave 远破波 10.129

bucket wheel excavator 斗轮式挖掘机 13.149

bucket wheel trencher 斗轮式挖沟机 13.151

buckling 屈曲 02.104

budget of construction drawing project 施工图预算 13.044

buffeting 抖振 06.144

building coordinate system 建筑坐标系 14.152

building gas pipe 室内燃气管道 12.071

building plumbing system 建筑给水排水 11.083

building square grid 建筑方格网 14.169

building structure 建筑结构，＊房屋结构 05.001

bulkhead 驳岸 10.104

bulldozer 推土机 13.155

bumper post 车挡 08.042

bundled steel wires 钢丝束 01.175

bundled tube 束筒 05.029

bunker 斗仓 05.192

bunker train 槽式列车 09.181

Bunsen combustion 部分预混[式]燃烧，＊本生燃烧 12.117

buoy 浮标 10.169

buoyancy 浮力 06.113

buoyancy force 浮力 06.113

buoy-ball type standard pressure producer 浮珠式标准压力发生器 15.031

burden 抵抗线 09.087

buried abutment 埋置式桥台 06.202

burner 燃烧器，＊喷燃器 12.123

bus bay 公交[车辆]港湾式停靠站 07.222

business street 商业街 07.013

bus lane 公交[专用]车道 07.025

bus station 公交车站 07.221

bus stop 公交车站 07.221

butt connection 对接接头 04.183

butterfly-type frame 蝴蝶架 06.240

butt joint 对接 04.255

button-head anchorage 镦头锚 04.161

buttress 扶壁 05.116

buttressed abutment 扶壁式桥台 06.207

by-product recovery 副产品回收 12.040

C

cable clamp 索夹 06.171

cable crane 缆索起重机 13.159

cable network 索网 05.060

cable saddle 索鞍 06.170

cable-stayed bridge 斜拉桥，＊斜张桥 06.073

cable-stayed bridge with inclined cable plane 斜索面斜拉桥 06.076

cable-stayed bridge with mixed deck 混合桥面斜拉桥 06.077

cable-stayed bridge with single cable plane 单索面斜拉桥 06.074

cable-stayed bridge with single pylon 独塔式斜拉桥 06.075

cable-stayed structure 斜拉索结构 05.059

cable-suspended structure 悬索结构 05.058

cable truss 索桁架 05.061

CAD 计算机辅助设计 02.314

cage 罐笼 09.150

caisson foundation 沉箱基础 03.189

calcined gypsum 建筑石膏 01.115

calculated target point 计算停车点 08.064

call for bids 招标 13.003

call for tenders 招标 13.003

calorific value 发热量，＊热值 12.096

camber 起拱 05.166

camber curve 路拱曲线 07.138

canal 运河 10.140，渠道 11.059

canalized channel 渠化航道 10.133

canal tunnel 运河隧洞 09.011

canopy tubes 管棚 09.196

cant 曲线超高 08.114

cantilevered wing wall 耳墙 06.206

cantilever girder bridge 悬臂梁桥 06.050

capacitance strain gauge 电容应变计 15.087

capacity 通行能力 07.065

capillary water 毛细水 07.167

capital 柱帽 05.152

carbonated lime brick 碳化砖 01.060

carbon dioxide gas shielded arc welding 二氧化碳气
体保护电弧焊 13.134

carbon fiber 碳纤维 01.179

carbonization 碳化 01.027，干馏，＊炭化
12.013

carbonization gas 干馏煤气 12.014

carbureted gas 干馏煤气 12.014

cargo load 堆货荷载 10.092

car load team yard 整车货场 08.051

carriageway 车行道 07.016

carrying capacity 通过能力 08.137

carry-over factor 传递系数 02.162

carry-over moment 传递弯矩 02.163

cartridge 药卷，＊炸药包 09.089

casing installation 套管敷设 12.239

Castigliano's theorem 卡氏定理 02.146

cast-in-place pile 钻孔灌注桩 03.180

cast iron pipe 铸铁管 01.194

cast-iron segment 铸铁管片 09.219

cast stone 铸石 01.087

catalytically cracked gas 催化裂解气 12.029

catalytic combustion 催化燃烧 12.121

catch siding 安全线 08.076

categorization of geotechnical project 岩土工程分级
14.072

catenary mast 接触网支柱 08.209

caterpillar excavator 履带式挖掘机 13.147

catwalk 施工步道，＊猫道 06.247

caulking material 接缝及密封材料 01.135

caustic dolomite 苛性白云石 01.118

caustic magnesite 苛性菱苦土 01.117

cave in 塌方 09.131

cavitation damage 空蚀 02.274

cavitation erosion 空蚀 02.274

cement concrete pavement 水泥混凝土路面
07.187

cement grouting 水泥灌浆 03.203

cement-soil base 水泥土基层 07.196

cement-soil base course 水泥土基层 07.196

cement tile 水泥瓦 01.064

cement without clinker 无熟料水泥 01.106

center island 中心岛 07.042

center line of carriageway 车行道中［心］线 07.105

center line of road 道路中线 07.118

center of gravity 重心 02.015

center span 中孔，＊中跨 06.027

centralized heat-supply 集中供热 12.158

centralized regulation 集中调节 12.295

central mall 中央分隔带 06.021

central separator 中央分隔带 06.021

centrifugal concrete 离心混凝土 01.250

centrifugal force 离心力 06.106

centrifugally spinning moulding 离心成型 13.108

centroid 形心 02.089

centroid of area 形心 02.089

chain bucket excavator 链斗式挖掘机 13.150

chain bucket trencher 链斗式挖沟机 13.152

changeable message sign 可变信息标志 07.100

change order 变更 13.064

channel 航道 10.131，渠道 11.059

channel beam 槽形梁 05.101

channelization ［交通］渠化 07.093

channelization island 导流岛 07.041

channel slab 槽形板 05.073

channel steel 槽钢 01.184

characteristic value for strength of material 材料强度
标准值 04.062

characteristic value of action 作用标准值 04.043

characteristic value of load　荷载标准值　04.058

charging　装药作业　09.153

checking load　验算荷载　06.104

chemical attack　化学侵蚀　09.280

chemical feeding　投药　11.177

chemical grouting　化学灌浆　03.204，化学注浆　09.286

chemical oxygen demand　化学需氧量　11.155

chemical rust removing　化学处理法除锈　13.144

cherry picker　横向吊车机　09.175

chimney　烟囱　05.183

chip　石屑　01.081

chloramination　氯胺化　11.210

chlorination　氯化　11.310

circular column　圆柱　05.106

circular curve　圆曲线　07.123，08.099

city gas　城镇燃气　12.002

city gas dispatch　城市燃气调度　12.089

city gas gate station　城市燃气门站　12.057

city railway　城市铁路　08.009

civil air defence works　人防工程　09.021

clapotis　驻波，＊立波　10.057

clarification　澄清　11.186

clarifier　沉淀池　11.187

classes for cracking control　裂缝控制等级　04.151

classification track　调车线　08.079

class of railway　铁路等级　08.126

clay　黏土　03.029

clayey silt　黏质粉土　03.027

clay tile　黏土瓦　01.063

clear-water reservoir　清水池　11.032

climbing form　爬升模板，＊爬模　06.233，爬模　13.089

closed extruding shield　挤压闭胸盾构　09.161

closed squeezing shield　挤压闭胸盾构　09.161

closed-type hot-water heat-supply network　闭式热水热网　12.226

closure　合龙　06.227

clover-leaf interchange　苜蓿叶形立体交叉，＊苜蓿叶形立交　07.047

coagulant　凝聚剂，＊混凝剂　11.183，混凝剂　11.293

coagulation　凝聚　11.178

coagulation-flocculation　混凝　11.181

coal gas　煤制气　12.012

coal tar　煤沥青　01.125

coarse aggregate　粗集料　01.203

coarse grained soil　粗粒土　03.013

coarse sand　粗砂　03.020

coast　海岸　10.002

coastal current　沿岸流　10.083

coast station　海岸电台　10.160

cobble　碎石　03.016

co-current regeneration　顺流再生　11.220

COD　裂纹张开位移　02.224，化学需氧量　11.155

coefficient for combination value of actions　作用组合值系数　04.051

coefficient for importance of structure　结构重要性系数　04.065

coefficient of action effect　作用效应系数　04.050

coefficient of compressibility　压缩系数　03.096

coefficient of consolidation　固结系数　03.099

coefficient of elasticity　弹性系数　04.090

coefficient of load　装载系数　08.132

coefficient of softness　软化系数　01.033

coefficient of uniformity　不均匀系数　03.088，12.054

cofferdam　围堰　06.218

cogeneration power plant　热电厂　12.203

cogeneration turbine　供热式汽轮机　12.214

cohesion　凝聚力，＊黏聚力　03.111

coincidence factor　同时工作系数　12.055

coke-oven　［炼］焦炉　12.018

coke-oven gas　焦炉煤气　12.015

cold drawing　冷拔　13.110

cold drawn steel wire　冷拔钢丝　01.169

cold-formed steel　冷弯型钢　04.175

cold rolled steel bar　冷轧钢筋　01.167

cold stretched steel bar　冷拉钢筋　01.170

cold stretching　冷拉　13.109

collapse　塌方　09.131，崩塌　14.036，倒塌　16.021

collapsible soil　湿陷性土　03.036

collector-distributor lane　集散车道　07.024

colonnade foundation　管柱基础　03.191

colored Portland cement　彩色水泥　01.105

colored water　富色水　11.102

coloring agent　着色剂　01.228

column　柱　02.103

H-column　H形柱，＊工字［形］柱　05.105

column base　柱脚　04.222

column bracing　柱间支撑　05.162

combination for action effects　作用效应组合　04.052

combination for long-term action effects　长期效应组合　04.056

combination for short-term action effects　短期效应组合　04.055

combination of blowing and exhaust system of ventilation　混合式通风　09.239

combination roller　组合式压路机　13.184

combination value of actions　作用组合值　04.046

combined footing　联合基础　03.170

combined foundation　联合基础　03.170

combined residual chlorine　化合性余氯　11.154

combined-sewer flow　合流水量　11.044

combined system　合流制　11.047

combined system arch bridge　组合体系拱桥　06.069

comb joint　梳形板　06.179

comb plate　梳形板　06.179

combustion　燃烧　12.106

combustion characteristics　燃烧特性　12.101

combustion potential　燃烧势　12.104

commencement of works　开工　13.031

commercial gas appliance　商业燃［气用］具　12.138

commercial port　商港　10.008

commercial speed　旅行速度　08.143

compaction grouting　压密注浆　09.284

compaction test　击实试验　03.072，07.245，15.049

compaction test apparatus　击实仪　07.254

compatibility torsion　协调扭转　04.141

compensation of gradient　坡度折减　08.147

compensation of thermal expansion　热补偿　12.245

compensator for thermal expansion　补偿器　12.246

competitive bidding　公开招标　13.006

competitive tendering　公开招标　13.006

complementary energy　余能　02.185

complete combustion　完全燃烧　12.113

completely weathered rock　全风化岩石　14.010

complete-mix reactor　完全混合反应器　11.176

complete quadric combination method　完全二次型方根法　16.057

completion date　竣工日期　13.070

completion of works　竣工　13.032

component　部件　05.069

component force　分力　02.011

composite brick masonry　组合砖砌体　04.263

composite column　组合柱　05.112

composite columnar section　综合柱状图　14.101

composite duct　综合管道　07.269

composite girder bridge　结合梁桥，＊叠合梁桥　06.054

composite lining　复合衬砌　09.222

composite material　复合材料　02.194

composite Portland cement　复合硅酸盐水泥　01.095

composite space truss　组合网架　05.051

composite structure　组合结构　04.271

composite yard　综合性货场　08.050

composting　堆肥　11.287

compound curve　复曲线　07.124，08.101

comprehensive geophysical exploration method　综合物探法　14.094

compression　压缩　02.070

compression consolidation test　压缩［固结］试验　03.067

compression parallel to grain　顺纹压力　04.241

compression perpendicular to grain　横纹压力　04.242

compression test　压缩［固结］试验　03.067，压缩试验　15.043

compressor station　压缩［机］站，＊压气站　12.059

compromise joint　异型接头　08.170

compromise joint bar　异型接头夹板　08.172

computational fluid mechanics　计算流体力学　02.295

computational structural mechanics　计算结构力学　02.294

computer aided design　计算机辅助设计　02.314

conceptual seismic design　抗震概念设计　16.002

concordant tendon　吻合索　06.126

concrete batching and mixing plant　混凝土搅拌站　13.196

concrete batching and mixing tower　混凝土搅拌楼　13.195

concrete block　混凝土砌块　01.061

concrete block moulding machine　混凝土砌块成型机　13.205

concrete core-drilling testing apparatus　钻芯法混凝土检测仪　15.030

concrete cover　混凝土保护层　04.117

concrete cover meter　混凝土保护层测量仪　15.033

concrete curing technology　混凝土养护工艺　13.119

concrete cutting machine　混凝土切割机　13.234

concrete drilling machine　混凝土钻孔机　13.235

concrete filled steel tube　钢管混凝土　04.279

concrete hollow slab moulding machine　混凝土空心板成型机　13.206

concrete member jolt moulding machine　混凝土构件振动成型机　13.207

concrete mix design　[混凝土]配合比设计　01.020

concrete mixer　混凝土搅拌机　13.194

concrete pavement expansion joint cutter　混凝土路面切缝机　13.192

concrete paver　混凝土摊铺机　13.191

concrete placing boom　混凝土布料杆　13.199

concrete pump　混凝土泵　13.198

concrete spraying machine　混凝土喷射机　13.200

concrete spreader　混凝土摊铺机　13.191

concrete structure　混凝土结构　04.069

concrete vibrating table　混凝土振动台　13.204

concrete vibration stand　混凝土振动台　13.204

condensate　凝结水　12.184

condensate recovery percentage　凝结水回收率　12.251

condensate return system　凝结水回收系统　12.252

condensate tank　凝结水箱　12.263

conditions of contract　合同条件　13.012

conductivity　电导率　11.149

conduit　管渠　11.058

cone anchorage　锥形锚具　04.160

cone penetration test　静力触探试验　14.050

cone penetration test with pore pressure measurement　孔压静力触探试验　14.051

confined concrete　约束混凝土　04.088

confining region of reinforcement　钢筋约束区　04.154

conical shell　锥壳　05.038

conical wedge anchorage　锥形锚具　04.160

connecting method of consumer with heat-supply network　热用户连接方式　12.273

connecting plate　连接板　04.235

connection　连接　05.148

conoid shell　劈锥壳　05.039

consistency　稠度　01.015

consistency limit　稠度界限　03.066

consistency test　稠度试验　15.042

consolidation grouting　加固注浆，＊固结灌浆　09.282

consolidation ratio　固结比　03.098

consolidation test　固结试验　15.044

constant flow control　质调节　12.297

constant head permeability test　常水头渗透试验　14.114

constant rate filtration　恒速过滤　11.304

constitutive equation　本构方程　02.182

constitutive relation　本构关系　03.124

constraint　约束　02.016

construction budget　施工预算　13.045

construction by swing　转体施工法　06.224

construction clearance of tunnel　隧道建筑限界　09.076

construction control network　施工控制网　14.149

construction coordinate system　施工坐标系　14.153

construction height of bridge　桥梁建筑高度　06.020

construction joint　施工缝　05.179

construction load　施工荷载　04.032

construction management　施工管理　13.002

construction project management　施工项目管理，＊工程项目管理　13.001

construction project schedule network diagram　网络进度计划　13.057

construction project time management　施工进度管理　13.056

construction surveying 施工测量 14.150

construction ventilation 施工通风 09.236

construction water level 施工水位 10.188

consumer heat inlet 热力入口 12.272

consumer thermal substation 用户热力站 12.256

contact flocculation 接触絮凝 11.294

contact problem 接触问题 02.235

contaminant 沾污物 11.122

contamination 沾污 11.121

continuous beam 连续梁 02.125

continuous girder bridge 连续梁桥 06.051

continuous grading 连续级配 01.008

continuous rigid frame bridge 连续刚构桥 06.052

continuous welded rail 无缝线路，＊连续焊接轨
　　08.204

continuum 连续介质 02.181

continuum medium 连续介质 02.181

contract 承包 13.030

contract documents 合同文件 13.024

contracting 承包 13.030

contraction joint 缩缝 07.208

contractor 承包商 13.036

contract price 合同价 13.025

control elevation 控制高程 07.154

controlled blasting 控制爆破 09.097

control point 控制点 07.151

control stress for prestressing 张拉控制应力
　　13.098

control valve 调节阀 12.299

convergence gauge 收敛计 15.090

converted section 换算截面 04.099

converted timber 锯材 01.147

conveyor belt 带式运输机 09.166

cooling range 冷却温差 11.313

cooling tower 冷却塔 05.187，　11.228

cooling water 冷却水 11.014

coombe 冲沟 14.046

corbel 牛腿 05.151

corbel form 飞模 13.092

core 核心［区］ 02.088

core-drilling inspection 钻芯取样检验 15.012

corrosion 腐蚀 11.134

corrosion inhibition 缓蚀 11.318

corrosion inhibitor 阻锈剂 01.226，缓蚀剂
　　11.232

corrosion preventing treatment 防腐处理 13.146

corrosion proofing 防腐处理 13.146

corrugated wire 刻痕钢丝 01.173

corrugation 搓板 07.242

cost plus fee contract 成本加酬金合同 13.027

cost reimbursement contract 成本加酬金合同
　　13.027

Coulomb's earth pressure theory 库仑土压力理论
　　03.147

counter-current regeneration 逆流再生 11.221

counter-sliding pile 抗滑桩 03.163

couple 力偶 02.010

coupled batter pile 叉桩 10.111

coupled column 双肢柱 05.108

coupled shear wall 双肢剪力墙 05.022

coupler compressing grade 压钩坡 08.066

covered plate 盖板 04.233

CPM 关键路线法 13.062

CPT 静力触探试验 14.050

CQC 完全二次型方根法 16.057

crack 裂纹 02.223，　07.232

crack gauge 测缝计 15.091

cracking control 裂缝控制 04.150

cracking moment 开裂弯矩 04.107

cracking torque 开裂扭矩 04.143

crack meter 测缝计 15.091

crack opening displacement 裂纹张开位移 02.224

crack pattern 裂缝图 15.073

crack spacing 裂缝间距 04.153

crack width 裂缝宽度 04.152

crane and transporter load 起重运输机械荷载
　　10.085

crane girder 吊车梁 05.096

crane load 吊车荷载 04.040

crawler crane 履带［式］起重机 13.156

crawler excavator 履带式挖掘机 13.147

creep 徐变，＊蠕变 02.242

creosoted timber 浸渍防腐木材 01.157

crib 轨枕盒 08.160

critical activity 关键工序 13.061

critical load 临界荷载 02.106

critical path method 关键路线法 13.062

critical wind speed of flutter 颤振临界风速 06.142

cross adit 横通道 09.147

cross beam 横梁 06.151

cross bracing 剪刀撑 05.161，横联 06.187

cross connection 交叉连接 11.084

cross gallery 横通道 09.147

cross hole method 跨孔法 14.097

crossing 交叉 08.259

crossing angle 辙叉角 08.268

cross intersection 十字形交叉 07.034

cross leveling 横断面测量 14.162

crossover 渡线 08.261

cross-river buoy 过河标 10.179

cross road 十字形交叉 07.034

cross section 横断面 07.134

cross section design 横断面设计 07.158

cross-section surveying 横断面测量 14.162

cross slope 横坡 07.137

cross walk 人行横道 07.107

crown 拱顶 05.145，[隧道]拱顶 09.140

crown curve 路拱曲线 07.138

crown wall 胸墙 10.128

cruciform gusset plate 十字节点板 05.167

crushed stone 碎石 01.205

crushing value 压碎值 01.050

crustal stress 地应力 09.043

cube strength 立方体强度 04.077

curb [路]缘石 07.029

curbing 护轮槛 10.113

curb ramp 缘石坡道 07.030

curb side strip 路侧带 07.026

current force 水流力 10.091

curvature 曲率 02.098

curve adjusting 曲线整正 08.237

curved beam 曲梁 05.086

curved bridge 弯桥，*曲线桥 06.047

curved tunnel 曲线隧道 09.033

curve of turnout 导曲线 08.263

curve resistance 曲线阻力 08.145

curve superelevation 曲线超高 08.114

curve widening 平曲线加宽 07.128

cushion 换土垫层 03.192

cut 挖方 07.180，路堑 08.286，掏槽 09.106

cut and cover method 明挖法 09.113

cut-fill transition 土方调配 07.178

cut hole 掏槽炮眼 09.107

cutter head [掘进机]刀盘 09.164

cutting corner 切角 04.201

cutting edge 刃脚 06.220

CWR 无缝线路，*连续焊接轨 08.204

cycles of concentration 浓缩倍数 11.230

cylinder pile foundation 管柱基础 03.191

cylindrical compressive strength 圆柱体抗压强度 04.079

cylindrical shell 圆柱壳，*筒壳 05.037

D

daily variation factor 日变化系数 11.079

d' Alembert principle 达朗贝尔原理 02.033

dam 坝 03.011

damage 损伤 02.239

damper 阻尼器 16.044

damping 阻尼 02.041

damping matrix 阻尼矩阵 02.310

damping ratio 阻尼比 16.040

Darcy law 达西定律 02.276

datum level 深度基准面 10.014

deadline for submission of tenders 投标截止时间

13.016

dead load 恒荷载 04.042

dead load thrust line 恒载压力线 06.131

deadweight of vessel 船舶载重量 10.019

deadweight tonnage of vessel 船舶载重量 10.019

dealkalization 脱碱 11.217

debenzolization 脱苯 12.042

debris flow 泥石流 14.034

decay coefficient 自耗系数，*内耗系数 11.259

deceleration lane 减速车道 07.023

decentralized heat-supply 分散供热 12.162

deck bridge 上承式桥 06.098

deck profile grade 桥面纵坡 06.023

deck truss 上承式桁架 05.142

declining rate filtration 递降速过滤 11.305

decoration cement 装饰水泥 01.103

decorative mortar 抹面砂浆 01.255

deep beam 深梁 05.087

deep bed filtration 滤床过滤 11.202

deep foundation 深基础 03.174

deep girder 深梁 05.087

deep-mixed pile 深层搅拌桩 03.207

deep tunnel 深埋隧道 09.030

deep-water wave 深水波 10.055

defective sleeper 失效轨枕 08.229

defects liability period 缺陷责任期，*保修期 13.035

deficient superelevation 欠超高 08.116

deflection 挠度 02.096

deflection curve 挠度曲线 02.100

deflection test 弯沉试验 07.247

deflection theory 挠度理论 06.135

deformation 变形 02.049

deformation dynamic inspection 应变动测 15.007

deformation joint 变形缝 05.176

deformation pressure 形变压力 09.047

deformed bar 变形钢筋 01.164

degradation 降解 11.160

degree of compaction 压实度 07.182

degree of consolidation 固结度 03.097

degree of freedom 自由度 02.169

degree of saturation 饱和度 03.086， 07.066

degree of statical indeterminacy 超静定次数 02.141

dehydration 脱水 12.046

delay 延误 07.071

delay blasting 延迟爆破，*迟期爆破 09.101

delay detonator 迟发雷管，*延发雷管 09.093

delivery pipe line 排泥管 10.145

delivery-receiving station 交接站 08.031

demineralized water 去离子水 11.132

denitrification 反硝化，*脱氮 11.254

dense gradation 密级配 01.006

density of road network 道路网密度 07.086

departure yard 出发场 08.046

depletion coefficient 疏干系数 14.131

depressed joint 钢轨低接头 08.219

depth filtration 滤床过滤 11.202

depth of compressive zone 受压区高度 04.105

depth of tunnel 隧道埋置深度，*埋深 09.064

depth ratio 充满度 11.054

depth-span ratio 高跨比 04.148， 06.130

derail 脱轨 08.202

desalinated water 除盐水 11.131

desalination 除盐 11.216

design current velocity 设计流速 06.008

design deflection value 设计弯沉值 07.172

design discharge 设计流量 06.007

design elevation 设计高程 07.155

design hourly volume 设计小时交通量 07.146

design intensity 设计烈度 16.013

design life 设计[使用]年限 07.145

design load 荷载设计值 06.103

design of equal bearing capacity 等强度设计 04.213

design of equal stability 等稳定设计 04.212

design reference period 设计基准期 04.005

design speed 计算行车速度，*设计车速 07.147

design value for strength of material 材料强度设计值 04.063

design value of action 作用设计值 04.047

design value of load 荷载设计值 04.059

design vehicle 设计车辆 07.144

design velocity of flow 设计流速 06.008

design vessel type 设计船型 10.015

design vessel type and size 设计船型 10.015

design water level 设计水位 06.006， 10.138

design water stage 设计水位 10.138

desilication 除硅 11.218

destressing 应力放散 08.207

destructive test 破损试验，*破坏试验 15.059

desulfurization 脱硫 12.045

detached breakwater 岛式防波堤 10.119

detailed estimate 设计预算 13.043

deterministic design method 定值设计法 04.013

deterministic vibration 确定性振动 02.171

detonation 起爆 09.100

detonation velocity 爆破速度 09.099

detonator 雷管 09.091

development length 延伸长度 04.133

development of line 展线 08.103

deviatoric tensor of strain 应变偏[张]量 02.196

deviatoric tensor of stress 应力偏[张]量 02.195

dewatering coefficient 疏干系数 14.131

DHV 设计小时交通量 07.146

diagonal compression failure 斜压破坏 04.127

diagonal crack 斜裂缝 04.118

diagonal member 斜杆 05.157

diagonal tension failure 斜拉破坏 04.125

dial gauge 千分表 15.086

diamond interchange 菱形立体交叉，*菱形立交 07.048

diaphragm 横隔 04.220，横隔板 06.153

diaphragm wall 地下连续墙 03.157

diaphragm wall method 连续墙法 09.114

diatomite 硅藻土 01.235

die casting moulding 铸压成型 13.106

diesel hammer pile driving frame 柴油锤打桩架 13.172

differential settlement 沉降差 03.130

diffusion combustion 扩散[式]燃烧 12.116

diffusion flame burner 扩散式燃烧器 12.124

digested sludge 消化污泥 11.277

digester 消化池 11.274

digestion 消化 11.279

dilatancy 剪胀性 03.113

diluvial soil 洪积土 14.020

dimensional analysis 量纲分析 15.066

dinkey 窄轨小机车 09.179

direct connection 直接连接 12.274

direct contact heat exchanger 混合式换热器 12.268

direct cost 直接费 13.050

direct filtration 直接过滤 11.200

direct heating 直接加热 12.264

directional interchange 定向式立体交叉，*定向式立交 07.051

directly buried installation 直埋敷设 12.238

direct shear test 直剪试验 03.068，15.045

direct stiffness method 直接刚度法 02.156

direct-through lane 直行车道 07.052

direct vented type 密闭式燃[气用]具 12.142

disaster prevention facility of tunnel 隧道防灾设施 09.270

disinfectant 消毒剂 11.207

disinfection 消毒 11.206

disintegrated rock 崩解性岩石 14.015

disintegrated soil 崩解性土 14.026

dispatching crossover 调度渡线 08.095

dispersant 分散剂 11.238

dispersion coefficient 弥散系数 14.130

dispersive soil 分散性土 03.037

displacement 位移 02.019，排水量 10.020

displacement element 位移元 02.301

displacement method 位移法 02.149

displacement of inner contour of tunnel 隧道内轮廓位移 09.290

displacement pile 排土桩 03.181

dissolved oxygen profile 溶氧纵分布曲线 11.099

dissolved solids 溶解固体 11.127

dissolving-air tank 溶气罐 11.190

distortion of cross section 横截面畸变 06.123

distribution factor 分布系数 02.161

distribution network 配水管网 11.029

distribution of LPG 液化石油气供应 12.087

distribution pressure 输气压力 12.074

district station 区段站 08.023

disturbed soil sample 扰动土样 03.060

diurnal tide 日潮 10.070

diverging 分流 07.094

diversion structure 导流结构物 06.013

diversion tunnel 引水隧洞 09.012

diver work 潜水施工 10.190

dock 港池 10.027

dolomite 白云石 01.076

dolphin pier 墩式码头 10.100

dome 穹顶 05.036

domestic gas appliance 家用燃[气用]具 12.137

domestic wastewater 生活废水 11.077

doorstopper method 门塞法 14.063

double acting jack 双作用千斤顶 13.219

double chain suspension bridge 双链式悬索桥 06.082

double crossover　交叉渡线　08.260

double curvature shallow shell　双曲扁壳　05.041

double drum winch　双卷筒卷扬机　13.161

double layer grid　双层网架　05.045

double lining　复合衬砌　09.222

double track interpolation　双线插入段　08.119

double track railway　双线铁路　08.017

double track tunnel　双线隧道　09.031

double way gradient　双坡　09.071

doubly reinforced section　双筋截面　04.112

dowel action　销栓作用　04.124

dowel bar　传力杆　07.209

dowelled joint　销连接　04.248

draft　吃水　10.018

drag　抗力　02.251

drainage design　排水设计　07.176

drainage ditch　排水沟　08.296

drainage pipe　排水管　09.268

drainage pumping station　排水泵站　07.262

drain hole　排水孔　09.266

drain valve　放水阀　12.232

dredger　挖泥船　10.197

dredger fill　冲填土, *吹填土　14.031

dredging engineering　疏浚工程　10.196

dredging mark　疏浚标志　10.178

dressed stone　料石　01.080

drift sand　流砂　14.041

drilled well　管井　11.103

drilling　钻眼作业　09.152, 钻探　14.091

drilling and blasting method　钻爆法　09.083

drilling bucket boring machine　回转斗成孔机　13.176

drilling jumbo　凿岩台车　09.172

drilling pattern　炮眼布置　09.084

drill machine　凿岩机　09.170

drinking water standards　饮用水标准　11.115

driven pile　打入桩　03.179

drop hammer pile driver　落锤打桩机　13.179

dry density　干重度　03.084

dry joint　干接头, *干缝　06.163

dry-weather flow　旱季流量　11.049

dual carriageway road　双幅路　07.162

dual water supply systems　饮用杂用双水系统　11.019

duct　孔道　04.164

duct grouting　孔道灌浆, *孔道压浆　13.100

ductile failure　延性破坏　04.067

ductility　延度　01.042

dug well　大口井　11.104

dummy axis　虚轴　04.216

dumping fill　抛填　10.187

durability　耐久性　04.004

duration of fall　落潮历时　10.068

duration of rainfall　降雨历时　11.051

duration of rise　涨潮历时　10.067

dust　尘土　01.209

dust suppression　降低粉尘浓度　09.252

dynamic action　动态作用　04.026

dynamic characteristics　动力特性, *自振特性　16.052

dynamic compaction　强夯　03.197

dynamic penetration test　动力触探试验　14.052

dynamic property　动力特性, *自振特性　16.052

dynamic response　动态反应, *动态响应　02.172

dynamics　动力学　02.005

dynamic sounding　动力触探试验　14.052

E

early strength　早期强度　01.024

earth anchor　土层锚杆　09.208

earth-fill compactness inspection　回填土密实度检验　15.005

earth pressure　土压力　10.089

earth pressure at rest　静止土压力　03.150

earth pressure balanced shield　土压平衡盾构　09.162

earthquake action　地震作用　16.003

earthquake damage　地震震害　16.017

earthquake disaster　地震灾害　16.016

earthquake disaster mitigation　减轻地震灾害　16.022

earthquake dynamic earth pressure　地震动土压力

16.070

earthquake epicenter 震中 16.007

earthquake focus 震源 16.006

earthquake intensity 地震烈度 16.010

earthquake magnitude 震级 16.009

earthquake proof joint 防震缝 05.180

earthquake region 地震区 16.014

earthquake resistant design 抗震设计 16.001

earthquake resistant wall 抗震墙 16.067

earthquake response 地震反应，*地震响应
16.023

earthquake return period 地震重现期 16.030

earthquake subsidence 震陷 14.044

earth tunnel 土质隧道 09.027

earthwork balance 土方平衡 13.077

easement curve 缓和曲线 07.125

easer 辅助炮眼 09.108

easy gradient for acceleration 加速缓坡 08.111

eccentric compression 偏心受压，*偏心压缩
02.083

eccentric compression method 偏心受压法 06.119

eccentricity 偏心距 02.082

economic span 经济跨度，*经济跨径 06.017

economic span-length 经济跨度，*经济跨径
06.017

edge beam 边梁 05.085

edge effect of shell 壳体边界效应 02.234

edge line of carriageway 车行道边［缘］线 07.104

effective depth of section 截面有效高度 04.106

effective length of station track 站线有效长 08.120

effective porosity 有效孔隙率 14.135

effective stress 有效应力 03.104

effective width of flange 有效翼缘宽度 04.115

effect of cold bending 冷弯效应 04.227

effect of cold work 冷弯效应 04.227

effluent disposal 排出水处置 11.168

eigenvalue 特征值，*本征值 02.176

eigenvector 特征矢量，*本征矢［量］ 02.177

either route 双进路 08.122

elastically supported continuous girder method 弹性支
承连续梁法 06.139

elasticity 弹性 02.050

elastic-load method 弹性荷载法 02.137

elastic resistance of ground 地层弹性抗力 09.081

elastic rod rail fastening 弹条式扣件 08.193

elastic scheme 弹性方案 04.267

elastic stability 弹性稳定 02.180

elastic support 弹性支座 05.173

elastic wave 弹性波 02.236

elasto-plastic model 弹塑性模型 03.122

electrical prospecting 电阻勘探法 03.079

electric heat curing 电热养护 13.122

electric logging 电测井 14.096

electric resistance strain gauge 电阻应变片 15.083

electrified railway 电气化铁路 08.018

electrochemical stabilization 电化学加固 03.202

electrodialysis process 电渗析法 11.225

electro-hydraulic servo testing equipment 电液伺服试
验设备 15.077

electronic distance measurement 激光测距 15.023

electro-osmosis 电渗 03.201

element stiffness matrix 单元刚度矩阵 02.153

elevated footing on piles 高承台桩基，*高桩承台
06.216

elevated railway 高架铁路 08.012

elevated unloading track 高架卸货线 08.086

elevated water tank 水塔 11.064

elevation of bridge deck 桥面标高 06.015

elliptic paraboloid shell 椭圆抛物面壳 05.040

embankment 堤 03.010，路堤 08.285

embedded abutment 埋置式桥台 06.202

embedded arc welding 埋弧焊 13.132

embedded depth of foundation 基础埋置深度
06.016

embedded footing on piles 低承台桩基，*低桩承台
06.215

embedded parts 预埋件 05.174

embedment depth 隧道埋置深度，*埋深 09.064

emergency lighting 应急照明，*事故照明 09.262

employer's estimate 标底 13.018

emptying 吹扫 12.093

emulsified asphalt 乳化沥青 01.127

emulsified bitumen 乳化沥青 01.127

end platform 尽端式站台 08.033

endurance limit 持久极限，*持久强度 02.238

energy absorption 能量吸收 16.038

energy dissipation 消能 02.273，能量耗散 16.037

energy principle 能量原理 02.287

engine burn 钢轨擦伤 08.220

engineered fill 质控填土 14.033

engineering control network 工程控制网 14.147

engineering geological mapping 工程地质测绘 14.067

engineering geological profile 工程地质剖面图 14.100

engineering geological zoning map 工程地质分区图 14.102

engineering investigation and survey 工程勘察 14.064

engineering leveling 工程水准测量 14.148

engineering rock mass 工程岩体 14.073

engineering surveying 工程测量 14.146

entrance 入口 07.038

entrance channel 进港航道 10.132

entrance lighting 入口照明 09.260

entrance speed at retarder 减速器入口速度 08.065

entrance zone 入口区段 09.256

envelope diagram 包络图 02.165

environmental monitoring system 环境监控系统 09.295

EPBS 土压平衡盾构 09.162

epicenter 震中 16.007

equilibrium 平衡 02.014

equilibrium torsion 平衡扭转 04.142

equivalent base shear method 底部剪力法 16.054

equivalent load method 等效荷载法 04.172

equivalent nodal load 等效结点荷载 02.154

equivalent rectangular stress block 等效矩形应力图 04.104

equivalent strain 等效应变 02.199

equivalent stress 等效应力 02.198

equivalent uniform live load 换算均布活载 06.101

erection by floating 浮运架桥法 06.226

erection by longitudinal pulling 纵向拖拉法 06.225

erection weld 安装焊缝 04.194

erection without scaffolding 无支架施工 06.222

escalator tunnel 自动扶梯隧道 09.018

estuary port 河口港 10.007

Euler load 欧拉荷载 02.105

eutrophication 富营养化 11.098

excavation 挖方 07.179

excavation face 开挖面 09.135

excess elevation 过超高 08.115

excess sludge 剩余污泥 11.332

excitation 激振 16.033

exciter 激振器，＊起振器 15.081

exhauster 燃气排送机，＊抽风机 12.048

exhaust system of ventilation 吸出式通风 09.238

existing line 既有线 08.141

exit 出口 07.039

exit lighting 出口照明 09.261

exit zone 出口区段 09.259

expanded clay 膨胀黏土，＊黏土陶粒 01.210

expanded perlite 膨胀珍珠岩 01.211

expanded vermiculite 膨胀蛭石 01.212

expansion bolt 膨胀螺栓 04.231

expansion joint 伸缩缝 05.177，胀缝 07.207

expansion rivet 膨胀铆钉 04.230

expansion type rock bolt 胀壳式锚杆 09.205

expansive agent 膨胀剂 01.223

expansive cement 膨胀水泥 01.101

expansive-cement concrete 膨胀混凝土 01.243

expansive rock 膨胀性岩石 14.014

expansive soil 膨胀土 03.031

experimental mechanics 实验力学 15.061

exploration 勘探 14.081

exploration boring 钻探 14.091

exploration drift 勘探平硐 09.061

exploration hole 勘探孔 14.084

exploration well ＊勘探井 14.084

exploratory line 勘探线 14.083

exploratory pit 探井 14.087

exploratory point 勘探点 14.082

exploratory shaft 探井 14.087

exploratory spot 勘探点 14.082

exploratory trench 探槽 14.085

explosion action 爆炸作用 04.030

explosion compactor 爆炸式夯实机 13.187

explosion rammer 爆炸式夯实机 13.187

explosive 炸药 09.088

explosive limit 爆炸极限 12.099

flame failure device 熄火安全装置，*熄火保护装置 12.155

flame-lift 离焰 12.111

flame safeguard 熄火安全装置，*熄火保护装置 12.155

flame speed 火焰传播速度 12.103

flange 翼缘 04.114

flange curling 翼缘卷曲 04.226

flangeway 轮缘槽 08.273

flash point 闪火点 01.043

flash steam 二次蒸汽 12.182

flash tank 二次蒸发箱 12.262

flat floor 无梁楼板 05.126

flat gradient for starting 起动缓坡 08.112

flat slab floor 无梁楼板 05.126

flat steel plate 平钢板 01.187

flexibility matrix 柔度矩阵 02.148

flexibility method 柔度法 02.147

flexible lining 柔性衬砌 09.226

flexible pavement 柔性路面 07.186

flexible pier 柔性墩 06.193

flexible switch 可弯式尖轨 08.277

flexural buckling 弯曲屈曲 04.208

flexural compressive strength 弯曲抗压强度 04.080

flexure 弯曲 02.074

floating breakwater 浮式防波堤 10.121

floating concrete mixing plant 混凝土搅拌船 10.200

floating crane 浮式起重机，*浮吊 06.242，起重船，*浮式起重机，*浮吊 10.198

floating pier 浮码头 10.101

floating pile driver 打桩船 10.199

floc 絮体 11.182

flocculant 絮凝剂 11.184

flocculating tank 絮凝池 11.296

flocculation 絮凝 11.179

flood water level 洪水位 06.002

floor 楼板 05.124

floor beam 横梁 06.151

floor heave 底鼓 09.132

floor polisher 地面磨光机 13.228

floor trowelling machine 地面抹光机 13.227

flotation tank 气浮池 11.189

flow 流，*流动 02.252

flow characteristics of regulating valve 调节阀流量特性 12.303

flow control valve 流量调节阀 12.300

flow discharge 流量 02.255

flow field 流场 02.253

flowing water pressure 流水压力 06.110

flow meter 燃气表 12.079

flowmeter 流量计 15.097

flow rate 流量 02.255

flow reduction device 节水器 11.009

flow velocity 流速 02.256

flued gas appliance 半密闭式燃[气用]具 12.141

flueless gas appliance 开放式燃[气用]具 12.140

fluid 流体 02.244

fluidized bed ion exchange 流化床离子交换 11.317

fluidizer agent 流化剂 01.224

flutter 颤振 06.141

fluvial deposit 河流沉积 03.041

fly ash 粉煤灰 01.230

fly ash Portland cement 粉煤灰硅酸盐水泥 01.094

flying form 飞模 13.092

foam concrete 泡沫混凝土 01.247

fog signal 雾情信号 10.185

folded plate 折板 02.191

folded slab 折板 02.191

food-microorganism ratio 食物－微生物[量]比 11.263

foot bridge 人行桥 06.034

footing 地基 03.006

force 力 02.006

forced vibration 受迫振动 02.045

force method 力法 02.140

forcing filter rate 强制滤速 11.307

forepoling 超前支护 09.193

formation 基床 08.288

formation stress field 构造应力场 09.045

Formazin turbidity unit 福尔马肼[浊]度 11.126

form concrete vibrator 附着式混凝土振动器 13.203

form of agreement 协议书表格 13.014

form of tender 标书表格 13.011

formwork jumbo 模板台车 09.185

fortification intensity 设防烈度 16.012

forward probe 超前探测 09.063

fouling 污垢 11.136

fouling inhibition 污垢抑制 11.234

fouling resistance 污垢热阻 11.240

foundation 地基 03.006

foundation beam 基础梁 05.089

foundation engineering 基础工程学 03.004

foundation pit 基坑 06.217

foundation soil 地基土 03.005

foundation treatment 地基处理 03.007

fracture 断裂 14.039

fracture criterion 断裂准则 02.230

fracture grouting 劈裂注浆 09.285

fracture mechanics 断裂力学 02.222

fracture toughness 断裂韧性 02.229

frame 框架 05.018

frame-shear wall 框架－剪力墙 05.023

frame supported shear wall 框支剪力墙 05.024

frame-tube 框筒 05.027

freeboard 干舷 10.021

free cantilever casting 悬臂浇注，＊悬浇 06.229

free cantilever erection 悬臂拼装，＊悬拼 06.230

free face 临空面，＊自由面 09.104

free residual chlorine 游离性余氯 11.153

free surface 临空面，＊自由面 09.104

free vibration 自由振动 02.044

freezing and thawing test 冻融试验 07.253，
冻融循环试验 15.050

freezing damage in tunnel 隧道冻害 09.279

freight area 货区 08.035

freight section 货位 08.034

freight station 货运站 08.021

freight traffic 货运交通 07.090

frequency 频率 02.036

frequently occurred earthquake 多遇地震 16.004

frequent value of action 作用频遇值 04.044

fresh rock 未风化岩石 14.006

fresh water 淡水 11.090

friction 摩擦 02.017

frictional loss 摩擦损失 04.167

friction of bearing 支座摩阻力 06.111

friction pile 摩擦桩 03.177

friction rock bolt 摩擦型锚杆 09.203

frog 辙叉 08.264

frog angle 辙叉角 08.268

frog compactor 蛙式夯实机 13.188

frontal method 波前法 02.312

frontier station 国境站 08.032

front slope 仰坡 09.054

front wall 前墙，＊胸墙 06.204

frost boiling 翻浆 07.235

frost heaving 冻胀 07.236

frost heaving force 冻胀力 06.112

frost resistant 抗冻性 01.025

frozen soil 冻土 14.027

full casing tube boring machine 全套管成孔机
13.178

full face tunnelling 全断面开挖 09.122

full prestressing 全预应力 04.155

full scale layout 足尺放样 13.131

full scale test 足尺试验 15.053

full section excavation 全断面开挖 09.122

fully-developed point of bar 钢筋充分利用点
04.131

fun-assisted burner 鼓风式燃烧器 12.126

fundamental combination for action effects 作用效应
基本组合 04.053

fundamental mode of vibration 基本振型 16.049

fundamental period 基本周期 16.050

fusion welding 熔化焊 13.137

FV 十字板剪切试验 14.055

G

gable 山墙 05.123

gable roof truss 人字屋架 05.132

gable wall 山墙 05.123

Galerkin method 伽辽金法 02.283

galloping 驰振 06.143

galvanized steel sheet 镀锌板 01.190

galvanized steel wire 镀锌钢丝 01.168

gang form 大模板 13.090

gantry 门式吊机 06.239

Gantt charts ＊甘特图 13.060

gap grading 间断级配 01.007

gas 燃气 12.001

gas appliance 燃[气用]具 12.136

gas appliance test 燃具试验 12.148

gas boiler 燃气锅炉 12.144

gas compressor 燃气压缩机 12.060

gas consumption 用气量 12.052

gas consumption quota 用气定额，＊用气量指标 12.051

gas cooker 燃气灶 12.143

gas delivery 供气 12.050

gas demand 燃气需用量，＊燃气负荷 12.049

gas distribution pipeline 配气管道 12.070

gas distribution system 燃气管网系统 12.061

gaseous fuel 气体燃料 12.003

gas explosion 瓦斯爆炸 09.128

gas explosion 燃气爆炸 12.098

gas fired radiant tubes 燃气辐射管 12.130

gas-forming admixture 加气剂 01.227

gas holder 储气罐 12.083

gas holder station 储配站 12.084

gasification 气化 12.020

gasification gas 气化煤气 12.021

gasifier 气化炉 12.025

gas line 燃气管道 12.068

gas line packing 管道储气 12.081

gas load 燃气需用量，＊燃气负荷 12.049

gas main 燃气输送干线，＊输气管线 12.058

gas meter 燃气表 12.079

gas metering 燃气计量 12.078

gas network 燃气管网系统 12.061

gas pipeline 燃气管道 07.265，12.068

gas pressure 燃气压力 12.131

gas pressure regulation 燃气压力调节 12.075

gas pressure regulator 燃气调压器 12.076

gas producer 气化炉 12.025

gas rated pressure 燃气额定压力 12.132

gas space heater 燃气供暖器 12.146

gas storage 燃气储存 12.080

gas supply 供气 12.050

gas transmission and distribution system 城市燃气输配系统 12.056

gas transmission line 燃气输送干线，＊输气管线 12.058

gas underground storage 地下储气 12.082

gas valve 燃气阀 12.073

gas water heater 燃气热水器 12.145

gas yield 燃气产率 12.017

gathering system of natural gas 天然气采集系统 12.008

gauge line 钢轨工作边 08.251

gauge tie bar 轨距杆 08.185

Gauss elimination method 高斯消元法 02.311

Gauss integration 高斯积分 02.307

Gauss-Jordan elimination method ＊高斯－若尔当消去法 02.311

generalized variational principle 广义变分原理 02.293

general plan of as-built works 竣工总平面图 14.159

general shear failure 整体剪切破坏 03.137

geodesic dome 短程线穹顶 05.055

geological interpretation of aerial photograph 航片地质判读，＊航片地质解释 14.099

geological suitability 地质适宜性 14.069

geologic observation point 地质点 14.065

geometrically stable system 几何不变体系 02.124

geometrically unstable system 几何可变体系 02.123

geometric stiffness matrix 几何刚度矩阵 02.308

geophysical exploration 地球物理勘探 03.078

geosynthetics 土工合成材料 03.208

geotechnical engineering 岩土工程学 03.003

geotextile 土工织物 03.209

geothermal resource 地热资源 14.142

girder 主梁 05.076

girder bridge 梁式桥 06.048

glacial deposit 冰川沉积 03.049

glacial till 冰碛土 14.023

glass ceramics 微晶玻璃 01.088

glass fiber 玻璃纤维 01.178

glazed tile 釉面砖 01.057

glued insulated joint 胶结绝缘接头 08.174

glued joint 胶合接头 04.252

goods section 货位 08.034

governor 燃气调压器 12.076

gradation 级配 01.004

grade 级 01.052，坡度 08.106

grade change point 变坡点 08.113

grade crossing 平面交叉 07.033，铁路道口 08.124

grade section 坡段 08.107

grade separation 立体交叉，*立交 07.044

grade separation bridge 立交桥 06.037

gradient 坡度 08.106

gradient resistance 坡道阻力 08.146

gradient section 坡道段 09.073

grading of aggregate 集料级配 01.208

grading of rock mound 抛石理波 10.189

grain composition 颗粒组成 01.002

grain size 粒径 01.003

grain size analysis 粒径分析 03.064

grain size curve 粒径曲线 03.087

granite 花岗岩 01.069

granular metric analysis 粒径分析 15.040

granulated blast-furnace slag 水淬[高炉]矿渣 01.233

gravel 卵石 01.206，角砾，*圆砾 03.017

gravelly sand 砾砂 03.019

gravelly soil 砾石土，*砾类土 03.014

gravity aqueduct 重力输水管 11.037

gravity quay wall 重力式码头 10.098

gravity type abutment 重力式桥台 06.199

green ratio 绿信比 07.113

grid deck 空格桥面 06.149

gridiron network 环状管网 11.030

grid method 网格法 13.078

grid module 网格 05.052

grillage beam 井字梁 05.081

gripper 夹具 04.162

grit chamber 沉砂池 11.264

groove 坡口 04.202

ground anchor 地层锚杆 03.158

ground fissuration 地裂 14.040

ground fracturing 地裂 14.040

ground freezing method 冻结法 09.115

ground motion 地震动，*地面运动 16.031

ground pressure 地层压力 09.046

ground surface subsidence over tunnel 隧道地表沉陷 09.288

ground treatment 地基处理 03.007

ground-tunnel structure interaction 地层－隧道结构相互作用 09.080

ground water 地下水 03.009

ground water connectivity test 地下水连通试验 14.119

ground water dam 地下水坝 09.306

ground water hardness 地下水硬度 14.106

ground water recharge capacity 地下水补给量 14.108

ground water regime 地下水动态 14.111

ground water reservoir 地下水库 14.110

ground water storage 地下水储量 14.107

ground water tracer test 地下水示踪试验 14.120

group heating 联片供热 12.159

group lead track 溜放线 08.062

group of tracks 线束 08.089

grouted rock bolt 注浆型锚杆 09.201

grouting 注浆，*灌浆 09.281

grouting material 灌浆材料 01.137

guard belt 护轮带 06.022

guard fence 防护栅 07.217

guard rail 护栏 07.215，护轨 08.190

guard rail check gauge 查照间隔 08.271

guard rail face gauge 护背间隔 08.272

guide rod type diesel pile hammer 导杆式柴油打桩锤 13.170

guide rope hoist 钢丝绳式升降机 13.163

gulch 冲沟 14.046

gushing water 涌水，*突水 09.276

gusset plate 节点板 04.236

guyed mast 桅杆 05.189

H

half section excavation 半断面开挖 09.121

half-through bridge 中承式桥 06.099

Hamilton principle 哈密顿原理 02.175

hammer piling 锤击沉桩 13.085

hand mark 侧面标志 10.171

handrail 栏杆 06.155

hand rust removing 手工除锈 13.142

hangar tunnel 棚洞 09.037

hanger rod 吊杆 05.165

hanging rock 危岩 14.035

harbor 港口 10.001

harbor radar 港口雷达 10.175

hardening 硬化 01.023

hardening accelerator 早强剂 01.221

hardness 硬度 01.028

hardness degree of rock 岩石坚硬程度 14.074

hard rock 硬质岩石，*硬岩 14.004

hard surrounding rock 坚硬围岩 09.052

hardwood 硬木材 01.141

haunch 加腋 05.150

haunch 承托 06.159

haunched beam 加腋梁 05.093

headframe 井架 09.148

head loss 水头损失 02.261

head span suspension 软横跨 08.211

heat and power cogeneration 热电联产 12.165

heat and power plant 热电厂 12.203

heat consumer 热用户 12.271

heat consumption 耗热量 12.195

heat consumption quota 耗热定额 12.196

heat exchanger 换热器 12.266

heating boiler 供热锅炉 12.210

heating capacity 供热能力 12.166

heating index 热指标 12.194

heating load 热负荷 12.186

heating load diagram 热负荷图 12.198

heating load duration graph 热负荷延续时间图 12.199

heating medium 供热介质，*热媒 12.175

heating value 发热量，*热值 12.096

heat loss 热损失 12.244

heat pump 热泵 12.206

heat range of heat-supply service 供热半径 12.167

heat source 供热热源 12.200

heat stability 热稳定性 01.047

heat-supply 供热 12.157

heat-supply network 热网，*热力网 12.219

heat-supply pipeline 供热管道 07.266，供热管线 12.227

heat-supply system 供热系统 12.168

heat-supply system based upon geothermal energy 地热供热系统 12.173

heat-supply system based upon heating plant 区域锅炉房供热系统 12.169

heat-supply system based upon heating power cogeneration plant 热电厂供热系统 12.170

heat-supply system based upon industrial waste heat 工业余热供热系统 12.172

heat-supply system based upon low temperature nuclear reactor 低温核供热系统 12.171

heat-treated steel bar 热处理钢筋 01.163

heavy aggregate 重集料 01.201

heavy haul railway 重载铁路 08.007

heavy haul train 重载列车 08.008

heavy maintenance 大修 07.228

heavy rail 重型钢轨 08.167

heavy steel plate 厚钢板 01.188

heavy track 重型轨道 08.179

hedge 绿篱 07.272

height of backwater 壅水高度 06.012

height of lifting 拔起高度，*克服高度 08.134

height variation coefficient of wind pressure 风压高度变化系数 04.035

Hellinger-Reissner principle 赫林格－赖斯纳原理 02.292

high alumina cement 高铝水泥 01.098

high capped pile foundation 高承台桩基，*高桩承台 06.216

highly weathered rock 强风化岩石 14.009

high performance concrete 高性能混凝土 01.238

high pressure jet grouting 高压喷射注浆 03.206

highrise building 高层建筑 05.004

high-rise pile cap 高桩承台 03.186

high speed railway 高速铁路 08.005

high speed train 高速列车 08.006

high strength bolt 高强[度]螺栓 04.187

high strength concrete 高强混凝土 01.237

high-strength steel wire 高强钢丝 01.171

high-temperature hot water 高温水 12.178

high velocity burner 高速燃烧器 12.129

highway bridge 公路桥 06.032

highway tunnel 公路隧道 09.002

hinged joint 铰接节点 02.121

hinged support 铰支座 05.171

hole placement 炮眼布置 09.084

hollow brick 空心砖 01.055

hollow slab 空心板 05.072

hollow slab bridge 空心板桥 06.056

holograph 全息照相 15.064

Hooke's law 胡克定律 02.075

hopper 料斗 05.193

horizontal alignment 平面线形 07.120

horizontal and vertical clearance above bridge deck 桥面净空，*桥面限界 06.029

horizontal curve 平曲线 07.121

horizontal flow sedimentation tank 平流沉淀池 11.298

hotplate 燃气灶 12.143

hot rolled steel bar 热轧钢筋 01.162

hot water heating load 热水供应热负荷 12.192

hot-water heat-supply network 热水热网 12.224

hot water storage tank 热水储水箱 12.261

hourly variation factor 时变化系数 11.080

house-service gas pipe 厂区管道 12.072

Howe truss 豪氏桁架 05.138

H-section steel H型钢 01.185

lhumics 腐殖质 11.141

humic substances 腐殖质 11.141

hump crest 峰顶 08.059

hump height 驼峰高度，*峰高 08.058

humping section 推送部分 08.055

hump lead 推送线 08.061

hump yard 驼峰调车场 08.048

Hu-Washizu principle 胡海昌-鹫津原理 02.291

hybrid cable-supported bridge system 斜拉-悬索组合体系桥 06.084

hybrid element 杂交元 02.303

hybrid structure 杂交结构 05.008

hydrant 消火栓 11.065

hydrated lime 消石灰 01.113

hydration 水化 01.037

hydraulic fill 吹填 10.186，冲填土，*吹填土 14.031

hydraulic fracturing 水力劈裂 03.205

hydraulic gradient 水力坡度 02.262

hydraulicity 水硬性 01.030

hydraulic jet piling 水冲沉桩 13.084

hydraulic jump 水跃 02.270

hydraulic misadjustment 水力失调 12.289

hydraulic radius 水力半径 02.266

hydraulic reclamation 吹填 10.186

hydraulic regime 水力工况 12.287

hydraulic stability 水力稳定性 12.288

hydraulic tunnel 水工隧洞 09.005

hydrogeological parameter 水文地质参数 14.121

hydrophilic coefficient [集料]亲水系数 01.035

hydrophilicity 亲水性 01.034

hydrophobicity 憎水性 01.036

hydro-power tunnel 水电站隧洞 09.006

hydro-static levelling instrument 液体静力水准仪 14.175

hypar shell 双曲抛物面壳，*扭壳 05.042

hyperbolic paraboloid shell 双曲抛物面壳，*扭壳 05.042

hysteresis curve 滞回曲线 16.060

hysteresis loop 滞回曲线 16.060

hysteretic behavior 恢复力特性 16.059

I

I-beam 工字[形]梁 05.099

I-beam steel 工字钢 01.183

ice load 冰荷载 04.039

ice pressure 冰荷载 04.039

igneous rook *火成岩 14.001

ignition 起爆 09.100,着火 12.102,点火 12.105

ignition device 点火装置 12.152

illite 伊利石 03.045

illuminance 照度 07.257

Imhoff tank 隐化池,*双层沉淀池 11.340

immersed tube method 沉埋法 09.116

immersed tunneling method 沉埋法 09.116

immersion combustion 浸没燃烧 12.122

immobilized biomass 固定化生物体 11.260

impact 冲击,*撞击 02.046

impact force 冲击力 06.107

impact-grab boring machine 冲抓成孔机 13.177

impermeability test 不透水性试验 15.051

impulse 冲量 02.031

inactivation 灭活 11.208

inclined shaft 斜井 14.088

incline ship lift 斜面升船机 10.157

inclinometer 倾角仪,*测斜仪 15.085

incomplete combustion 不完全燃烧 12.114

incremental launching method 顶推法施工 06.223

incremental theory of plasticity 塑性增量理论 02.213

indented steel wire 刻痕钢丝 01.173

indirect connection 间接连接 12.275

indirect cost 间接费 13.051

indirect heating 间接加热 12.265

indoor pipe 室内燃气管道 12.071

induced traffic 诱增交通量 07.063

induced traffic volume 诱增交通量 07.063

in-duct installation 管沟敷设 12.237

industrial gas appliance 工业燃[气用]具 12.139

industrial gas furnace 燃气工业炉 12.147

industrial port 工业港 10.011

industrial waste 工业废渣 01.232

industrial waste base 工业废渣基层 07.200

industrial waste base course 工业废渣基层 07.200

industrial waste heat 工业余热 12.205

industrial wastewater 工业废水 11.078

industrial water supply 工业给水 11.005

inert gas shielded arc welding 惰性气体保护电弧焊 13.133

inertia 惯性 02.026

inertial force 惯性力 02.032

infilled wall 填充墙 05.121

infiltration gallery 渗渠 11.105

infiltration testing apparatus 渗透试验仪 15.029

influence line 影响线 02.131

infrared burner 红外线燃烧器 12.128

infrared sensing 红外遥感 09.057

initial imperfection 初始缺陷 04.205

injection burner 引射式燃烧器 12.127

inlet 雨水口 07.261

inlet time 集水时间 11.052

in-line filtration 直流过滤 11.201

inside cross-section of tunnel 隧道净断面 09.078

in-situ check and test method 现场检测方法 15.001

in-situ direct shear test 原位直剪试验 03.075

in-situ permeability test 渗水试验 14.116

in-situ shear test 现场剪切试验 14.058

in-situ test 原位测试 03.073

instantaneous air speed 瞬时空气速度 09.234

instantaneous detonator 瞬发雷管 09.092

instantaneous strain 瞬时应变 04.095

instructions to bidders 投标人须知 13.015

instructions to tenderers 投标人须知 13.015

insulated joint 绝缘接头 08.176

insulating course 隔断层 08.293

insulation 保温 12.243

insurance of works 工程保险 13.065

intake 进水口 11.112

intake tower 取水塔 11.111

integral lining　整体式衬砌　09.217

integrated ballast bed　整体道床　08.157

intensity of storms　暴雨强度　11.043

intercepting ditch　天沟　08.295

intercepting sewer　截流管　11.057

interception of underground water　地下截流工程　09.307

interception ratio　截留倍数　11.055

interceptor　截流管　11.057

interchange　互通式立体交叉，＊互通式立交　07.046

interchangeability of gas　燃气互换性　12.100

interchange loading track　换装线　08.083

interconnecting pipe　连通管　12.230

interface shear　界面受剪　04.277

interim payment　进度款，＊进度付款　13.048

interior zone　内部区段　09.258

interlocking tile　搭扣瓦　01.066

intermediate diagonal　再分杆　05.158

intermediate maintenance　中修　07.229

intermediate station　中间站　08.022

intermediate straight line　夹直线　08.102

intermediate train spacing point　分界点　08.118

intermediate water　中水　11.010

intermediate water facilities　中水装置　11.018

intermittent weld　断续焊缝　04.195

internal concrete vibrator　插入式混凝土振动器　13.201

internal force　内力　02.055

interpolation　插值　02.296

intersection design　交叉口设计　07.175

inverted siphon　倒虹吸管　11.081

invite for tender　招标　13.003

ion exchange　离子交换　11.214

irregular wave　不规则波　10.053

irrigation tunnel　灌溉隧洞　09.013

isolated breakwater　岛式防波堤　10.119

isoparametric element　等参元　02.304

isotropy　各向同性　02.052

iteration method　迭代法　02.313

J

jacking control stress　张拉控制应力　13.098

Jackson turbidity unit　杰克逊［浊］度　11.124

jar test　杯罐试验　11.185

jetty　突堤码头　10.041，导堤　10.115

joint　节点，＊结点　02.120

joint bar　接头夹板，＊鱼尾板　08.171

joint gap　轨缝　08.183

joist　搁栅　05.080

jump on rail　跳轨　08.203

junction station　联轨站　08.030

K

Kantorovich method　坎托罗维奇法，＊康托洛维奇法　02.284

kaolinite　高岭石　03.044

karst　喀斯特，＊岩溶　14.048

kerb　护轮槛　10.113

keyed joint　键连接　04.249

kinematics　运动学　02.002

kinetic energy　动能　02.029

Kirchhoff hypothesis　基尔霍夫假设　02.189

knee bracing　角撑，＊隅撑　05.160

L

laboratory soil tests　室内土工试验　03.062

lacing bar　缀条　04.218

lacustrine deposit　湖相沉积　03.040

ladder track　梯线　08.097

lagging　背板　09.213

lamella　联方网格　05.054

laminar flow 层流 02.263

land mark 接岸标 10.180

landslide 滑坡 14.038

land subsidence 地面沉陷 14.042

land treatment 土地处理 11.290

lane 车道 07.020

lane width 车道宽度 07.160

Langelier index 朗热利耶指数，*兰格利尔指数 11.236

Langer girder 朗格尔梁 06.080

lap connection 搭接接头 04.182

lap length 搭接长度 04.135

large cross section excavation 大断面开挖 09.120

large form 大模板 13.090

large opening well 大口井 11.104

large panel roof slab 大型屋面板 05.074

large panel wall 大型墙板 05.122

large roof slab 大型屋面板 05.074

large-span structure 大跨度结构 05.005

laser collimator 激光准直仪 14.173

laser location surveying 激光定位测量 15.022

laser plummet apparatus 激光铅垂仪 14.170

laser stadia ranging 激光测距 15.023

lateral earth pressure 侧向土压力 03.149

laterite 红[黏]土 03.032

lattice 格栅 09.197

latticed column 格构柱 05.111

latticed girder 格构梁 05.091

latticed members 格构式构件 04.214

latticed shell 网壳 05.053

latticed structure 格构结构 05.011

lattice strut 缀材 04.217

launching nose 导梁 06.231

lay out of route 放线 14.151

lead curve 导曲线 08.263

leading mark 导标 10.166

lead in section 入口段 09.072

leakage factor 越流因数，*越流因素 14.136

leakage protection 堵漏 09.277

leak detection 检漏 12.094

least square method 最小二乘法 02.281

ledger beam 花篮梁 05.103

left-turn lane 左转[弯]车道 07.053

less than car load team yard 零担货场 08.052

levee 堤 03.010

level 水平仪 15.038

level grade between opposite gradients 分坡平段 08.153

levelling of ground 场地平整 13.076

level of service [道路]服务水平 07.067

level type angle gauge 水准式测角仪 15.027

lever principle 杠杆原理 06.118

lifting 离焰 12.111

lifting form 提升模板 06.234

lift of lock 船闸水头 10.151

lift slab 升板 13.093

lift slab structure 升板结构 05.128

light abutment 轻型桥台 06.208

light beacon 灯桩 10.167

light buoy 灯浮标 10.170

lighthouse 灯塔 10.165

lighting 点火 12.105

light rail 轻轨铁路 08.011

light vessel 灯船 10.168

light-weight aggregate 轻集料 01.202

lightweight aggregate concrete 轻集料混凝土 01.248

lightweight steel structure 轻型钢结构 04.174

lime-flyash-crushed stone base 石灰粉煤灰碎石基层 07.199

lime-flyash-crushed stone base course 石灰粉煤灰碎石基层 07.199

lime-flyash-sand gravel base 石灰粉煤灰砂砾基层 07.198

lime-flyash-sand gravel base course 石灰粉煤灰砂砾基层 07.198

lime mortar 石灰砂浆 01.114

lime paste 石灰膏 01.111

lime powder 石灰粉 01.112

lime pozzolana cement 石灰火山灰水泥 01.108

lime soil 灰土 03.212

lime-soil base 石灰土基层 07.197

lime-soil base course 石灰土基层 07.197

limestone 石灰岩 01.072

limit design 极限设计 02.218

limited prestressing 有限预应力 04.156

LPG transportation 液化石油气运输 12.086

luggage and parcel house 行包房 08.037

luminance 亮度 07.258

luminance level in the tunnel interior 隧道内亮度水平 09.253

luminance profile 亮度纵断面 09.254

lumped mass 集中质量 16.053

lump lime 块状生石灰 01.110

lump sum contract 总价合同 13.026

LWL 枯水位 06.004

M

magmatic rock 岩浆岩 14.001

magnetic induction inspection 电磁诱导检测 15.014

magnetic powder detection 磁粉探伤检验 15.018

magnetic powder flaw detector 磁粉探伤仪 15.034

magnifying coefficient of eccentricity 偏心距增大系数 04.140

main beam 主梁 05.076

main bridge 主桥 06.018

main cable 主索，＊主缆 06.173

main girder 主梁 06.150

main line 正线 08.073

main pipe 干管 11.038

main span 主孔，＊主跨 06.026

major axis 强轴 04.206

make-up water 补充水 11.015，补给水 12.183

make-up water percentage 补水率 12.250

manhole 检查井 11.063

man-made wood board 木质人造板 01.152

manometer 压强计，＊测压计 15.099

manufactured fuel gas 人工燃气 12.011

manufactured gas 人工燃气 12.011

marble 大理石 01.070

marginal strip 路缘带 07.028

marine soil 海积土 14.025

marshalling-departure track 编发线 08.080

marshalling station 编组站 08.024

marshalling yard 编组站 08.024，调车场 08.047

Marshall stability test 马歇尔稳定度试验 07.252

masonry arch bridge 圬工拱桥 06.090

masonry mortar 砌筑砂浆 01.254

masonry structure 砌体结构 04.258

mass 质量 02.025

mass matrix 质量矩阵 02.309

mass point 质点 02.027

mast crane 桅杆[式]起重机 13.157

mastic asphalt 地沥青玛琋脂 01.133

material point 质点 02.027

matrix displacement method 矩阵位移法 02.155

matrix force method 矩阵力法 02.157

maximum heating load 最大热负荷 12.188

maximum longitudinal gradient 最大纵坡 07.131

maximum permissible pressure 允许压力 12.284

mean water level 常水位 06.003

measured shovel packing 垫砂起道 08.245

measurement of quantities 工程量计算 13.054

mechanical pre-cutting method 机械预切割法 09.123

mechanical rock bolt 机械式锚杆 09.206

mechanical rust removing 机械除锈 13.141

mechanical ventilation 机械通风 09.245

mechanized shield 机械化盾构 09.163

medium sand 中砂 03.021

medium-strength steel wire 中强钢丝 01.172

member 杆件 02.047，构件 05.067

membrane separation process 膜分离法 11.227

membrane structure 膜结构 05.064

membrane theory of shell 壳体薄膜理论 02.192

merging 合流 07.095

mesh-reinforced masonry 网状配筋砌体 04.264

metal deck 金属铺板 05.075

metal rust proofing 金属防锈预处理 13.145

metal structure 金属结构 05.006

metamorphic rock 变质岩 14.003

methanation 甲烷化 12.038

methanization 甲烷化 12.038

method of laser alignment 激光准直法 14.174

method of successive approximation 渐近法 02.158

metro 地下铁道，＊地铁 09.014

MGT 通过轨道总重 08.140

mica 云母 03.047

microbiological control 微生物控制 11.235

micro-crack 微裂缝 04.089

micro-pollutant 微污染物 11.120

micro-pollution 微污染 11.119

micro-tunnel 小直径隧道，＊小断面隧道 09.034

micro-tunneller 小直径隧道掘进机，＊小断面隧道掘进机 09.168

mid span 中孔，＊中跨 06.027

military bridge 军用桥 06.039

military harbor 军港 10.009

military tunnel 军用隧道 09.020

million gross tonnes 通过轨道总重 08.140

millisecond detonator 毫秒雷管 09.094

mine drainage gas 矿井气 12.010

mine gas 矿井气 12.010

mineral powder 矿粉 01.231

minimum length of grade section 最小坡段长度 08.150

minimum longitudinal gradient 最小纵坡 07.132

minimum steel ratio 最小配筋率 04.111

minimum weight design 最轻设计 02.316

mining subsidence 开采沉陷 14.047

mining tunnel 矿山隧道 09.004

minor axis 弱轴 04.207

miscellaneous fill 杂填土 14.030

Mises yield criterion 米泽斯屈服准则 02.205

misfire 拒爆，＊瞎炮 09.102

mixed bed ion exchange 混合床离子交换 11.314

mixed element 混合元 02.302

mixed gas 掺混气 12.032

mixed liquor 混合液 11.330

mixed method 混合法 02.166

mixed Portland cement 混合硅酸盐水泥 01.093

mixed structure 混合结构 05.007

mixed tide 混合潮 10.072

mixing 混合 11.180

modal analysis method 振分解法，＊振型叠加法 16.055

modal split 交通方式划分 07.080

model of fissuration 裂隙模型 14.113

model test 模型试验 15.054

model theory 模型理论 15.065

mode of traction 牵引方式 08.129

mode of vibration 振型 02.039

moderate damage 中等破坏 16.019

moderately weathered rock 弱风化岩石 14.008

mode superposition 模态叠加 16.048

modulus of elasticity 弹性模量 02.065

Mohr circle 莫尔圆 02.101

Mohr-Coulomb law 莫尔－库仑定律 03.118

Mohr's envelope 莫尔包线 03.119

Mohr yield criterion 莫尔屈服准则 02.206

moire method 云纹法 15.063

moisture capacity 含水率 01.014

molded breadth of vessel 型宽 10.017

molded depth of vessel 型深 10.016

mole 防波堤 10.114

moment diagram 弯矩图 02.085

moment distribution method 力矩分配法 02.159

moment iteration method 力矩迭代法 02.164

moment of force 力矩 02.009

moment of inertia 惯性矩 02.091

momentum 动量 02.030

momentum grade 动力坡度 08.110

monitoring coupon 监控试片 15.101

mono-drum winch 单卷筒卷扬机 13.160

monolithic concrete bed 整体道床 08.157

montmorillonite 蒙脱石 03.046

mooring buoy 系泊浮筒，＊系船浮筒 10.102

mooring force 系缆力 10.086

mooring post 系船柱 10.110

moraine 冰碛土 14.023

mortar conveying pump 灰浆输送泵 13.225

mortar mixer 灰浆搅拌机 13.224

mortar sprayer 灰浆喷射器 13.226

mosaic 陶瓷锦砖，＊马赛克 01.058

motor carriageway 机动车道 07.017

moulding process 成型工艺 13.101

mound breakwater 斜坡式防波堤 10.117

mountain railway 山区铁路 08.013

mountain tunnel 山岭隧道 09.023

movable bridge 活动桥，＊开启桥 06.042

movable point frog 可动心轨辙叉 08.280

movable wing frog 可动翼轨辙叉 08.281

move switch 浮放道岔 09.174

moving-bed ion exchange 移动床离子交换 11.315

muck 弃碴 09.155

mucking out 出碴作业 09.157

mud barge 泥驳 10.144

mud lighter 泥驳 10.144

mud-pumping 翻浆冒泥 08.298

multi-chamber lock 多级船闸 10.148

multipipe steam heat-supply network 多管制蒸汽热

网 12.223

multiple barrier concept 多级屏障思想 11.169

multiple intersection 多路交叉 07.037

multi-point mooring system 多点系泊设施 10.106

multi-stage system 多级管网系统 12.065

multi-storey building 多层建筑 05.003

municipal heat-supply 城市供热 12.161

municipal wastewater 城市废水 11.076

municipal water supply 城市给水 11.003

N

nailed joint 钉连接 04.247

nailer 射钉机 13.232

nail gun 射钉机 13.232

naphthalene removal 脱萘 12.044

narrow gauge 窄轨 08.004

NATM 新奥法 09.110

natural arch 天然拱，*自然拱 09.050

natural asphalt 天然沥青 01.122

natural curing 自然养护 13.120

natural density 天然重度 03.083

natural frequency 固有频率，*自振频率 02.037

natural gas 天然气 12.004

natural gas field 天然气田 12.006

natural gas well 天然气井 12.007

natural period of vibration 自振周期 16.051

natural sand 天然砂 01.207

natural ventilation 自然通风 09.244

nautical chart 海图 10.013

naval harbor 军港 10.009

Navier-Stokes equation 纳维－斯托克斯方程 02.246

navigable current velocity 通航流速 10.136

navigational aid 航标 10.161

navigational clearance 通航净空 06.009

navigational water level 通航水位 06.005

navigation channel 航道 10.131

navigation lock 船闸 10.147

navigation period 通航期 10.135

neap tide 小潮 10.076

near earthquake 近震 16.025

negotiated bidding 议标 13.005

negotiated tendering 议标 13.005

nephelometric turbidity unit 散射［浊］度 11.125

net section 净截面 04.168

net-shaped crack 网裂 07.234

neutral axis 中性轴 02.078

New Austrian Tunnelling Method 新奥法 09.110

nitrification 硝化 11.253

nitrogen removal 脱氮 11.256

node 节点，*结点 02.120

no-fines concrete 大孔混凝土 01.249

noise 噪声 07.219

noise barrier 隔声屏障 07.220

non-bearing wall 非承重墙 05.119

non-destructive inspection 非破损检测 15.010

non-destructive investigation of tunnel 隧道非破损探

查 09.294

non-destructive test 非破损试验，*非破坏试验

15.060

non-displacement pile 不排土桩，*非排土桩

03.182

non-motor carriageway 非机动车道 07.018

non-motorized vehicle lane 非机动车道 07.018

non-orienting force effect 非保向力效应 06.147

non-potable reclaimed water 中水 11.010

non-potable water 杂用水 11.011

normally consolidated soil 正常固结土 03.053

normal rated heat load 标准额定热负荷 12.134,

12.187

normal strain 法向应变 02.061

normal stress 法向应力 02.057

nose rail 心轨 08.279

notch and tooth joint　齿槽连接　04.244

O

overlaying slope 仰坡 09.054

overpass bridge 跨线桥 06.036

over-reinforced beam 超筋梁 04.101

over-stretching 超张拉 13.099

overtaking sight distance 超车视距 07.142

over-tensioning 超张拉 13.099

OWL 常水位 06.003

oxidation ditch 氧化沟 11.326

oxidation pond 氧化塘 11.335

oxygenation capacity 充氧能力 11.270

oxygen depletion safety shut off device 防止不完全燃烧装置 12.156

oxygen sag curve 氧垂曲线 11.100

oxygen transfer efficiency 传氧效率 11.269

oxygen uptake rate 氧摄取率，*氧吸收率 11.268

ozonization 臭氧化 11.311

P

packer test 压水试验 14.118

packing 填料 11.229

paint catapult 涂料弹涂机 13.237

paint sprayer 涂料喷射机 13.236

paper location 纸上定线 08.133

paper location of line 纸上定线 08.133

paraffin content 含蜡量 01.046

parallel adit 平行坑道，*平行导坑 09.146

parallel connecting by-pass tunnel 平行坑道，*平行导坑 09.146

parallel crossover 平行渡线 08.096

parallel wharf 顺岸码头 10.040

parallel wire strand 平行钢丝束 01.176

parameter of heating medium 供热介质参数 12.185

parking area 停车场 07.224

parking lot 停车场 07.224

partial excavation 分部开挖 09.118

partial factor 分项系数 04.018

partially aerated combustion 部分预混[式]燃烧，*本生燃烧 12.117

partial prestressing 部分预应力 04.157

partial safety factor for action 作用分项系数 04.048

partial safety factor for load 荷载分项系数 04.060

partial safety factor for resistance 抗力分项系数 04.061

partial safety factor for strength of material 材料强度分项系数 04.064

partial screw earth auger 短螺旋成孔机 13.175

particle 质点 02.027

partition wall 隔墙 05.120

part-section excavation 分部开挖 09.118

passage signal 通行信号 10.183

passenger car unit 小客车[交通量]单位 07.064

passenger foot-bridge 天桥 08.041

passenger station 客运站 08.020

passenger traffic 客运交通 07.089

passing station 会让站 08.025

passive earth pressure 被动土压力 03.152

pavement 路面 07.183

pavement depression 路面沉陷 07.238

pavement evaluation 路面评价 07.226

pavement marking 路面标线 07.103

pavement strengthening 路面补强 07.230

pavement structure 路面结构 07.184

pavement structure design 路面结构设计 07.169

pavement width 路面宽度 07.159

pay line [隧道]设计开挖线，*计价线 09.077

pcu 小客车[交通量]单位 07.064

peak acceleration 峰值加速度 16.034

peak displacement 峰值位移 16.036

peak hour volume 高峰小时交通量 07.062

peak load 高峰负荷 12.053

peak load calorifier 尖峰加热器 12.218

peak load gas 调峰气 12.036

peak-load heat source 峰荷热源 12.208

peak-shaving gas 调峰气 12.036

peak strength 峰值强度 03.115

peak velocity 峰值速度 16.035

pedestrian bridge 人行桥 06.034

pedestrian load 人群荷载 06.116

pedestrian overcrossing 人行天桥 07.210

pedestrian street 步行街 07.014

pedestrian tunnel　人行隧道　09.019

pedestrian underpass　人行地道　07.211

pedestrian walk　人行道　07.019

pendulum bearing　摆轴支座　06.183

penetration　针入度　01.040

percussion drill　冲击钻［机］　13.231

perfect elastoplastic material　理想弹塑性材料　02.209

performance security　履约保证，＊履约保证金　13.066

period　周期　02.035

permafrost　多年冻土　03.035

permanent action　永久作用　04.022

permanent deformation　永久变形　02.200

permanent lining　永久衬砌，＊二次衬砌　09.224

permanent way　线路　08.071

permeability　渗透率　14.123

permeability coefficient　渗透系数　14.122

permeability test　渗透试验　03.071，15.048

permeable breakwater　透空式防波堤　10.120

permissible yield　容许开采量　14.109

petroleum asphalt　石油沥青　01.123

phase　相位　02.040

phosphorus removal　脱磷　11.255

photoelasticity　光弹性　15.062

photoelastic meter　光弹性仪　15.089

photoplasticity　光塑性　15.067

physico-chemical process　物化法　11.325

pier　墩　05.113

pier body　墩身　06.197

pier cap　墩帽　06.196

pier foundation　墩基础　03.188

pier shaft　墩身　06.197

pier with approach bridge　引桥式码头　10.097

pier with approach trestle　引桥式码头　10.097

piezometric conductivity　导压系数　14.126

piezometric head　测压水头　14.140

piezometric height　测压高度　14.141

pigment test of welds　焊缝着色试验　15.017

pilaster　壁柱　05.115

pile cap　桩帽　10.112

pile cluster　桩群　03.187

pile driving barge　打桩船　10.199

pile foundation　桩基础　03.175

pile group　桩群　03.187

pile press machine　压桩机　13.174

pile static loading test　静力压桩试验　15.006

pillar　支柱　05.114

pilot drift　超前导坑，＊先进导坑　09.142

pilot plant　中试厂　11.172

pilot studies　中试　11.171

pinch plate rail fastening　扣板式扣件　08.192

pin exploration　钎探检验　15.004

pipe bender　弯管机　13.233

pipe duct　管沟　12.240

pipe fitting　管件　01.199

pipe flow　管流　02.267

pipe jacking method　顶管法　09.112

pipe jacking tunnelling machine　顶管掘进机　13.154

pipe joint　管接头　01.198

pipe network　管网　11.028

pipe-shed　管棚　09.196

pipe support　管道支座　12.241

pipe trestle　管道支架　12.242

piping　管涌　03.146

piston action of train　列车活塞作用　09.242

plain bar　光面钢筋，＊光圆钢筋　01.161

plain concrete structure　素混凝土结构　04.070

plain fill　素填土　14.029

plain sedimentation　自然沉淀　11.188

plain steel wire　光圆钢丝　01.165

plain tile　平瓦　01.065

plane cross-section assumption　平截面假定　02.077

planed edge　刨平边　04.197

plane design　平面设计　07.153

plane structure　平面结构　05.017

plane-table　平板仪　15.039

plank　厚板　01.149

plank floor planer　地板刨平机　13.230

planning center line　规划中线　07.117

plaster of Paris　建筑石膏　01.115

plastic deformation theory　塑性形变理论　02.212

plastic flow range　塑性流幅　02.216

plastic hinge　塑性铰　02.214

plastic hinge line　塑性铰线　02.215

plasticity 塑性 02.051

plasticity index 塑性指数 03.092

plastic limit 塑性限度，＊塑限 03.090

plastic redistribution of moment 弯矩塑性重分布 04.136

plastic torque modulus of section 抗扭塑性截面模量 04.144

plate 板 02.188

plate-bearing test 承载板试验 07.246

plate concrete vibrator 平板式混凝土振动器 13.202

plate girder 板梁 05.095

plate-loading test 平板载荷试验 03.074, 14.056

platform 承台 06.211，站台 08.029

platform of hump crest 峰顶平台 08.060

plug flow reactor 活塞流反应器 11.175

plug weld 塞焊缝 04.193

pluvial soil 洪积土 14.020

plywood 胶合板 01.153

PMT 旁压试验 14.054

pneumatic breakwater 压气式防波堤 10.122

pneumatic caisson foundation 沉箱基础 03.189

pneumatic structure 充气结构 05.065

pneumatic tyred excavator 轮胎式挖掘机 13.148

pneumatic tyred roller 轮胎压路机 13.183

point bearing pile 端承桩 03.176

point of change of gradient 变坡点 08.113

point of observation 地质点 14.065

point rail 心轨 08.279

point welding 点焊 13.111

Poisson ratio 泊松比 02.064

polar coordinate method 极坐标法 14.155

polar moment of inertia 极惯性矩 02.092

poling plate ［钢］插板 09.194

polished value 石料磨光值 01.013

polishing 终级处理 11.324

pollutant 污染物 11.117

polluted water 受污染水 11.095

pollution 污染 11.116

polymer concrete 聚合物混凝土 01.245

pontoon 浮码头 10.101，趸船 10.103

pontoon bridge 舟桥，＊浮桥 06.043

population equivalent 人口当量 11.045

pore air pressure 孔隙气压力 03.106

pore pressure dissipation 孔隙压力消散 03.107

pore water pressure 孔隙水压力 03.105

porosity 孔隙率 01.001

porous flow 渗流 02.275

port 港口 10.001

portable deflectometer 手持式变形仪，＊手持式挠度仪 15.028

portable magnetic flaw detector 手提式磁力探伤仪 15.032

portal frame 门式刚架 05.020

portal frame effect 桥门架效应 06.138

portal structure 硬横跨 08.210

port area 港区 10.022

port hinterland 港口腹地 10.003

port land area 港口陆域 10.031

Portland blast furnace-slag cement 矿渣硅酸盐水泥 01.091

Portland cement 硅酸盐水泥 01.089

Portland pozzolana cement 火山灰质硅酸盐水泥 01.092

port site 港址 10.004

port water area 港口水域 10.023

positioning 就位 06.236

post 支柱 05.114

postheat 后热 04.204

post-tensioning method 后张法 13.097

pot bearing 盆式支座 06.180

potential energy 势能，＊位能 02.184

pot holes 坑槽 07.241

power house 发电厂房 09.009

power line 电力线 07.267

Pratt truss 普拉特桁架 05.140

pre-aerated combustion 完全预混［式］燃烧，＊无焰燃烧 12.118

pre-camber 预拱度 06.024

precast pile 预制桩 03.178

precedence network diagram 单代号网络图 13.059

precise alignment 精密定线 14.172

preconsolidation pressure 先期固结压力 03.100

precursor 先质 11.140

predominant period 卓越周期 16.029

prefabricated lining 装配式衬砌，＊拼装式衬砌 09.218

prefilming 预膜 11.239

prefilming agent 预膜剂 11.243

pre-filter 预滤池 11.192

preflex girder bridge 预弯梁桥 06.091

pre-grouting with micropipe 小导管预注浆 09.195

preheat 预热 04.203

preliminary estimate 设计概算 13.042

preliminary filter 预滤池 11.192

preloading 预压 03.199

preparation of construction plan 施工组织设计 13.039

pre-qualification 资格预审 13.017

preserved live load increasing factor 预留活载发展系数 06.136

presplit blasting 预裂爆破 09.096

pressure 压强 02.249

pressure aqueduct 压力输水管 11.036

pressure cell 压力盒 15.094

pressure control valve 压力调节阀 12.302

pressure diagram 水压图 12.280

pressure line 压力线 02.128

pressure meter test 旁压试验 14.054

pressure reducing fill 减压棱体 10.107

pressure reducing valve 减压阀 12.259

pressure test 强度试验 12.090

pressurization installation 定压装置 12.279

pressurization methods 定压方式 12.277

pressurization point 定压点 12.278

pressurized gas 压力气化煤气 12.024

pressurized tunnel 有压隧洞 09.007

prestressed concrete structure 预应力混凝土结构 04.072

prestressed rock bolt 预应力锚杆 09.207

prestressed steel bar tensioning machine 预应力钢筋张拉机 13.220

prestressing 预[加]应力 13.095

prestressing camber 预应力反拱 04.171

prestressing jack 预应力千斤顶 13.218

pretensioning method 先张法 13.096

primary calorifier 基本加热器 12.217

primary consolidation 主固结 03.101

primary grinding stone 粗磨石 01.082

primary sludge 初沉污泥 11.341

primary stress field 初始应力场 09.044

primary structure 基本体系，＊基本结构 02.144

primary support 初期支护 09.223

primary treatment 一级处理 11.319

principal moment of inertia 主惯性矩 02.094

principal strain 主应变 02.062

principal stress 主应力 02.058

principle of minimum complementary energy 最小余能原理 02.290

principle of minimum potential energy 最小势能原理 02.289

principle of virtual work 虚功原理 02.132

priority pollutant 重点污染物 11.118

prismatic compressive strength 棱柱体抗压强度 04.078

private line 专用线 08.084

probabilistic design method 概率设计法 04.012

probability of failure 失效概率 04.007

probability of survival 可靠概率 04.006

process heating load 生产工艺热负荷 12.193

process water 生产用水 11.007

producer gas 发生炉煤气 12.022

product of inertia 惯性积 02.093

profile design 纵断面设计 07.157

profiled steel sheet 压型钢板 04.178

profile surveying 纵断面测量 14.161

profilometer 路面平整度测定仪 07.255

programme 施工进度计划 13.055

progressive failure 渐进性破坏 03.142

progress payment 进度款，＊进度付款 13.048

progress plan 施工进度计划 13.055

progress schedule 施工进度计划 13.055

project management 项目管理 13.038

property line 建筑红线 13.074

property line post 地界标志 13.075

proportional loading 比例加载 02.219

prototypic layout 足尺放样 13.131

provisional sums 暂定金额 13.046

provision for contingency 不可预见费 13.069

pseudo-dynamic test 拟动力试验 15.058

pseudo-load method 假载法 06.132

public transport 公共交通 07.091

public water-supply station 公用给水站 11.068

pulling form moulding 拉模成型 13.105

pull-out test 拔出试验 04.098

pulse combustion 脉冲燃烧 12.119

pumice 浮石 01.213

pumping admixture 泵送剂 01.225

pumping station 泵站 11.034

pumping test 注水试验 14.117

punching shear failure 冲剪破坏 03.139

pure water 纯水 11.133

purging 吹扫 12.093

purification 净化 12.039

purlin 檩条 05.078

pusher grade 加力牵引坡度 08.109

pylon 桥塔 06.169

Q

quadri-carriageway road 四幅路 07.164

quality management 质量管理 13.063

quasi-orthotropic plate method 比拟正交异性板法 06.122

quasi-permanent value of action 作用准永久值 04.045

quay 顺岸码头 10.040

quay wall 岸墙 03.154，直立式码头 10.093

quenching of a flame 熄火 12.110

quick sand 流砂 14.041

R

rack 格栅 11.114

rack and pinion hoist 齿轮齿条式升降机 13.162

radar geophysical survey 雷达物探法 03.082

radar inspection 雷达检测 15.015

radar reflector 雷达反射器 10.174

radial activity inspection 放射线穿透检测 15.013

radial flow 径向流 14.103

radial-flow sedimentation tank 辐流沉淀池 11.299

radial road 放射路 07.011

radiation shielding concrete 防辐射混凝土 01.241

radio aid 无线电航标 10.164

radius of curvature 曲率半径 02.099

radius of horizontal curve 平曲线半径 07.122

radius of influence 影响半径 14.138

rafter 椽[子] 05.079

raft foundation 筏形基础，*片筏基础 03.171

rail 钢轨 08.165

rail bolt hole 钢轨螺栓孔 08.177

rail brace 轨撑 08.186

rail cant 轨底坡 08.199

rail corrugation 轨头波纹磨损 08.224

rail crane 轨行起重机 08.232

rail creep 钢轨爬行 08.228

rail expansion device 钢轨伸缩调节器 08.175

rail failure 钢轨伤损 08.221

rail fastening 扣件 08.191

rail fastening down 钢轨锁定 08.206

rail fracture 钢轨断裂 08.227

rail gap 轨缝 08.183

rail gap adjusting 轨缝调整 08.247

rail grinding coach 磨轨车 08.235

rail joint 钢轨接头 08.168

rail joint gap 轨缝 08.183

rail lip 钢轨肥边 08.222

rail lubricator 钢轨涂油器 08.252

rail profile measuring coach 钢轨磨耗检查车 08.234

railroad 铁道，*铁路 08.001

railroad construction clearance 铁路建筑界限 08.127

railway 铁道，*铁路 08.001

railway bridge 铁路桥 06.031

railway location 铁路选线 08.128

railway network planning 铁路路网规划 08.125

railway of national network 国家路网铁路 08.014

railway subgrade 铁路路基 08.284

railway tunnel 铁路隧道 09.003

rainfall infiltration coefficient 降水渗入系数 14.127

ramp 匝道 07.055

random vibration 随机振动 02.170

Rankine state of stress 兰金应力状态 03.148

rapid filter 快滤池 11.302

rapid hardening Portland cement 快硬硅酸盐水泥 01.097

rapid sand filter 快滤池 11.302

rapid transit bridge 轻轨交通桥 06.038

rarely occurred earthquake 罕遇地震 16.005

rated heat input 额定热负荷 12.133

rated heat load 额定热负荷 12.133

rate of flame propagation 火焰传播速度 12.103

rate of water loss 失水率 12.249

ratio of height to thickness 高厚比 04.269

raw sludge 原污泥 11.275

raw water 原水 11.093

Rayleigh-Ritz method 瑞利－里茨法 02.178

reaction 反[作用]力 02.018

reactor 反应器 11.173

rebound deflection 回弹弯沉 07.173

rebound of shotcrete 喷射混凝土回弹 09.187

rebound tester 回弹仪 15.026

receiving-departure yard 到发场 08.045

receiving yard 到达场 08.044

recharge rate 补给率 14.128

recharging well 回灌井 11.106

reciprocal virtual work theorem 虚功互等定理 02.139

recirculating cooling water system 循环冷却水系统 11.024

reclaimed asphalt mixture 再生沥青混合料 01.132

reclaimed water 再生水 11.012

rectangular beam 矩形梁 05.098

rectangular column 矩形柱 05.104

rectangular coordinate method 直角坐标法 14.154

recurrence interval 重现期 11.050

reduced heat input 折算热负荷 12.135

reduction of adhesion on minimal radius 小半径曲线黏降 08.152

redundant force 多余未知力，*赘余力 02.142

reference gas 基准[燃]气 12.150

reflecting button 反光路钮 07.102

reflecting sign 反光标志 07.101

reflection crack 反射裂缝 07.233

reformed gas 改制气 12.033

refractory concrete 耐火混凝土 01.240

refuge harbor 避风港 10.012

refuge·island 安全岛 07.213

refuge siding 避难线 08.077

regeneration 再生 11.219

regeneration level 再生水平 11.223

regional heating 区域供热 12.160

regional heating plant 区域供热锅炉房 12.202

regular stone 方正石 01.079

regular wave 规则波 10.052

regulated water stage 整治水位 10.139

regulating reservoir 调节水池 11.033

regulation 调节 12.293

regulator station 调压站 12.077

reinforced concrete pile 钢筋混凝土桩 03.185

reinforced concrete segment 钢筋混凝土管片，*钢筋混凝土砌块 09.220

reinforced concrete structure 钢筋混凝土结构 04.071

reinforced earth 加筋土 03.159

reinforced masonry 配筋砌体 04.262

reinforcement ratio 配筋率 04.110

reinforcing steel bar 钢筋 01.160

relative density test 相对密度试验 15.041

relative density tests 相对密实度试验 03.065

relative humidity 相对湿度 09.233

relaxation 松弛 04.093

reliability 可靠性 04.001

reliability index 可靠指标 04.008

relief hole 辅助炮眼 09.108

relief road 辅路 07.010

reliever 辅助炮眼 09.108

remolded sample 重塑土样 03.061

remote sensing technique 遥感技术 14.098

removal of form 拆模 13.094

repeated action 重复作用 04.027

replacement 置换 12.095

reserved second line 预留第二线 08.131

reserves of natural gas 天然气储量 12.009

reservoir 贮液池 05.184

residual current 余流 10.084

residual deformation 残余变形 15.074

residual soil 残积土 14.018

residual strain 残余应变 02.208

residual strength 残余强度 03.116

residual stress 残余应力 02.207

resilient tie plate 弹性垫板 08.196

resiliometer 回弹仪 15.026

resin rock bolt 树脂型锚杆 09.202

resistance 抗力 02.251

resistance moment diagram 抵抗弯矩图 04.130

resistance of bolt 锚杆抗力 09.210

resistance spot weld 电阻点焊 04.228

resistivity 电阻率 11.150

resistivity method 电阻率法，＊比电阻法 09.060

resonance 共振 02.042

resonance inspection for piles 共振法测桩 15.009

response spectrum 反应谱 16.024

restoring force behavior 恢复力特性 16.059

resultant couple 合力偶 02.013

resultant force 合力 02.012

retaining wall 挡土墙 03.153

retarder 缓凝剂 01.220

retention money 保留金 13.067

reticulated shell 网壳 05.053

retort gas 炭化炉煤气 12.016

return sludge 回流污泥 11.271

return water 回水 12.177

reverse curve 反向曲线 07.127

reversed cyclic action 反复作用 04.028

reverse osmosis process 反渗透法 11.226

revolutionary shell 旋转壳 05.033

Reynolds number 雷诺数 02.248

ribbed arch bridge 肋拱桥 06.064

ribbed slab 密肋楼板 05.127

Richter's magnitude 里氏震级 16.008

ridge tile 脊瓦 01.067

right-of-way line 道路用地线 07.116

right-turn lane 右转[弯]车道 07.054

rigid body 刚体 02.008

rigid-connected beam method 刚接梁法 06.121

rigid-elastic scheme 刚弹性方案 04.268

rigid foundation 刚性基础 03.166

rigid frame 刚架 02.126

rigid frame bridge 刚架桥，＊刚构桥 06.070

rigid frame bridge with inclined legs 斜腿刚架桥 06.072

rigid framed arch bridge 刚架拱桥 06.067

rigid joint 刚接节点 02.122

rigid pavement 刚性路面 07.185

rigid-plastic material 刚塑性材料 02.210

rigid-plastic model 刚塑性模型 03.121

rigid scheme 刚性方案 04.266

rim hole 周边炮眼 09.109

ring beam 圈梁 05.083

ring road 环路 07.012

ripening period 成熟期 11.194

rise 矢高 05.016，拱度 05.062

rise-span ratio 矢跨比 06.127

Ritz method 里茨法 02.282

river crossing 过河管 11.082

river disposal 河流处置 11.292

river port 河港 10.006

rivet 铆钉 04.188

riveted connection 铆钉连接 04.180

road 道路 07.001

road alignment 道路线形 07.119

road area per capita 人均道路面积 07.088

road area ratio 道路面积率 07.087

road condition survey 路况调查 07.225

road crossing design 交叉口设计 07.175

road engineering 道路工程 07.002

road intersection 道路交叉 07.032

road lighting 道路照明 07.256

road maintenance 道路养护 07.227

road marking 路面标线 07.103

road planting 道路绿化 07.270

road technical standard 道路技术标准 07.143

roadway 路幅 07.015

robot spray 遥控混凝土喷射机 09.184

rock bolt 锚杆 09.199

rock bolt support 锚杆支护 09.189

rockburst 岩爆 09.129

rockfall 落石 09.130

rock mass basic quality 岩体基本质量 14.079

rock mass completeness 岩体完整程度 14.075

rock mechanics 岩体力学 03.002

rock stress measurement 岩石应力量测 14.059

rock tunnel 岩石隧道 09.028

rod sounding 钎探 14.090

rolled edge 轧制边 04.200

roller bearing 滚轴支座 06.182

rolling direction 溜车方向 08.057

rolling down section 溜放部分 08.056

roof 屋盖，*屋顶 05.129

roof bracing 屋盖支撑 05.163

roof tile 瓦 01.062

roof truss 屋架 05.130

root pile 树根桩 03.210

rotary interchange 环形立体交叉，*环形立交 07.050

rotary intersection 环形交叉 07.036

rotary island 环岛 07.043

rotational shell 旋转壳 05.033

roundabout 环形交叉 07.036

route selection 选线 07.149

rubber bearing 橡胶支座 06.181

rubble 毛石，*荒料 01.077

rubble base 抛石基床 10.108

ruling grade 限制坡度 08.148

running speed 行驶速度 07.072，行车速度 08.142

running tunnel 区间隧道 09.016

runoff coefficient 径流系数 11.056

rural water supply 农村给水 11.004

rut 车辙 07.243

Ryznar index 里兹纳指数，*赖兹纳指数 11.237

S

safety 安全性 04.002

safety bolt 保险螺栓 04.245

safety classes of structure 结构安全等级 04.019

safety device 安全装置 12.153

safety fence 防护栅 07.217

safety island 安全岛 07.213

safety pressure margin 富裕压力 12.285

safety valve 安全阀 12.260

safe yield 安全产水量 11.108

sag 垂度 05.063

Saint-Venant principle 圣维南原理 02.187

saline rock 盐渍化岩石 14.016

saline soil 盐渍土 03.033

saline water 咸水 11.086

saline water intrusion 咸水入侵 11.109

salinity 盐度 11.128

salty soil 盐渍土 03.033

same direction adjacent curve 同向曲线 07.126

sample 土样 03.057

sampling 取样 03.058

sand 砂土 03.018

sand boil 喷水冒砂 14.045

sand box model 砂槽模型 14.112

sand drain 砂井 03.198

sand pile 砂桩 03.193

sandstone 砂岩 01.073

sandy silt 砂质粉土 03.026

saturated steam 饱和蒸汽 12.181

saturation steam pressure 汽化压力 12.286

sawdust 锯末 01.151

saw timber 锯材 01.147

saw-tooth roof truss 锯齿形屋架 05.137

scaffold 脚手架 13.238

scaffold board 脚手板 13.239

scale 结垢 11.135

scale inhibitor 阻垢剂 11.233

scaling down loose rock 撬落危石 09.156

scarf joint 斜搭接 04.254

schedule of rates contract 单价合同 13.028

scissors crossing 交叉渡线 08.260

scoria 火山渣 01.214

scouring 冲刷 06.011

screen 格网 11.113

screw plate loading test 螺旋板载荷试验 14.057

screw spike 螺纹道钉 08.162

scrubber 洗涤塔 12.047

sea chart 海图 10.013

sea harbor 海港 10.005

seamless steel pipe 无缝钢管 01.196

seamless steel tube 无缝钢管 01.196

sea port 海港 10.005

seasonal heating load 季节性热负荷 12.189

sea water 海水 11.088

secant modulus 割线模量 02.068

secondary beam 次梁 05.077

secondary compression ＊次压缩 03.102

secondary consolidation 次固结 03.102

secondary lining 永久衬砌，＊二次衬砌 09.224

secondary sludge 二沉污泥 11.342

secondary treatment 二级处理 11.320

secondary trunk road 次干路 07.008

second order theory 二阶理论 06.133

section 截面 02.048，区间 08.123

sectional method 断面法 13.079

sectioning valve 分段阀 12.231

section modulus 截面模量 02.095

section of sufficient grade 紧坡地段 08.108

section steel 型钢 01.181

sectorial area 扇性面积 02.116

sedimentary rock 沉积岩 14.002

sedimentation intensity 回淤强度 10.142

sedimentation rate 回淤强度 10.142

sedimentation tank 沉淀池 11.187

sediment barrier 防沙堤 10.028

seepage failure 渗透破坏 03.145

seepage flow 渗流 02.275

seepage force 渗透力 03.110

segmental construction method 节段施工法 06.221

segmental roof truss 折线形屋架 05.136

segment erector 砌块举重器 09.165

segment of survey 测段 08.130

segregation 离析 01.038

seismic design 抗震设计 16.001

seismic earth pressure 地震动土压力 16.070

seismic geophysical survey 地震物探法 03.080

seismic microzoning 地震小区划分 16.015

seismic pore water pressure 地震动孔隙水压力 16.069

seismic reflection method 反射法地震勘探 09.059

seismic structural wall 抗震墙 16.067

seismic wave 地震波 16.032

seismic zone 地震区 16.014

selective bidding 邀请招标 13.004

selective tendering 邀请招标 13.004

self-anchored suspension bridge 自锚式悬索桥 06.083

self-bearing capacity of surrounding rock 围岩自承能力 09.041

self-purification of water body 水体自净 11.092

self-stabilization capacity of surrounding rock 围岩自稳能力 09.042

self-stabilization time of tunnel 坑道自稳时间 09.040

self-stressing cement 自应力水泥 01.102

semi-analytical method 半解析法 02.285

semi diurnal tide 半日潮 10.071

semi-rigid base 半刚性基层 07.194

semi-rigid base course 半刚性基层 07.194

semi-transversal ventilation 半横向通风 09.247

separated rail fastening 分开式扣件 08.194

separate facilities 分隔设施 07.214

separate grade crossing 分离式立体交叉，＊分离式立交 07.045

separate lining 离壁衬砌 09.227

separate system 分流制 11.048

separation point 脱钩点 08.068

separator 分隔带 07.027

serpentine asbestos 温石棉 01.260

serviceability 适用性 04.003

serviceability limit state 正常使用极限状态 04.017

service bridge 施工便桥 06.040

service head 服务水头 11.070

service header 分配管 11.039

service pipe 接户管 11.040，室内燃气管道 12.071

service tunnel 辅助坑道 09.145

set-down 减水 10.066

setting 凝结 01.022

setting out 放线 14.151

setting out of building 建筑物放样 14.167

setting out of building axes 建筑物轴线放样

slow filter 慢滤池 11.301

slow sand filter 慢滤池 11.301

sludge age 污泥龄 11.333

sludge bulking 污泥膨胀 11.272

sludge conditioning 污泥调理 11.343

sludge dewatering 污泥脱水 11.281

sludge digestion 污泥消化 11.344

sludge drying 污泥干化 11.285

sludge elutriation 污泥淘洗 11.282

sludge incineration 污泥焚化 11.286

sludge press filtration 污泥压滤 11.284

sludge settling ratio 污泥沉降比 11.267

sludge thickening 污泥浓缩 11.280

sludge vacuum filtration 污泥真空过滤 11.283

sludge volume index 污泥容积指数 11.266

slump 坍落度 01.018

slurry shield 泥水盾构 09.159

slurry wall method 连续墙法 09.114

small dumper 翻斗车 13.168

smooth blasting 光面爆破 09.095

SNG 代用天然气 12.035

snow load 雪荷载 04.038

socket form moulding 胎模成型 13.104

soft clay 软黏土 03.050

softened water 软化水 11.130

softening 软化 11.215

softening point 软化点 01.041

softening rock 软化岩石 14.011

softwood 软木材 01.140

soil content 含泥量 01.012

soil exploration 地基勘察 03.012

soil investigation 地基勘察 03.012

soil mechanics 土力学 03.001

soil profile 土层剖面 03.056

soil stabilizer 稳定土拌和机 13.193

solid arch bridge 实腹拱桥 06.061

solid axis 实轴 04.215

solid brick 实心砖 01.054

solid loading 固体负荷 11.327

solid mechanics 固体力学 02.003

solids contact clarifier 澄清池 11.300

solid-webbed column 实腹式柱 04.211

solid wharf 实体式码头 10.095

solubility 溶解度 01.045

sonic prospecting 声波探测 14.095

sound signal 音响航标，＊音响信号 10.163

source 源 02.257

space frame 空间构架，＊空间网格结构 05.043

space grid 网架 05.044

space headway 车头间距 07.070

space heating load 供暖热负荷，＊采暖热负荷 12.190

space structure 空间结构 05.030

space truss 网架 05.044

space-truss model 空间桁架模型 04.146

spacing braking 间隔制动 08.069

spacing of structural planes 结构面间距 14.078

span 跨度 05.015，＊跨径 06.010

spandrel beam 托梁 05.088

spandrel girder 托梁 05.088

span-length 跨度，＊跨径 06.010

spatial structure 空间结构 05.030

special cement 特种水泥 01.096

special engineering structure 特种工程结构，＊构筑物 05.181

special line 专用线 08.084

specific discharge 比流量 14.139

specific pressure drop 比压降 12.248

specific storativity 体积比储水系数 14.132

specific yield 给水度 14.129

specimen 试件 03.063，＊试样 15.055

speed change lane 变速车道 07.021

spherical bearing 球面支座 06.184

spherical shell 球壳 05.035

spike 道钉 08.161

spiling 超前支护 09.193

spine girder bridge 脊骨梁桥 06.058

spiral reinforcement 螺旋钢筋 04.137

splash zone 浪溅区 10.195

splice plate 拼接板 04.239

split 绿信比 07.113

split ring connection 裂环连接 04.250

split strength 劈拉强度 04.084

split tensile strength 劈拉强度 04.084

splitting test 劈裂试验 07.248

spoil 弃碴 09.155

spot speed 点速度 07.075

spot welding 点焊 13.111

spread foundation 扩展基础，＊扩大基础 03.168

spreading of the rail head 钢轨肥边 08.222

spring 泉 14.144

spring chamber 泉室 11.110

springing 拱脚 05.146

spring overturn 春翻层 11.139

spring tide 大潮，＊朔望潮 10.075

SPT 标准贯入试验 14.053

spur track 岔线 08.085

square 广场 07.223

squared timber 方木 01.148

square joint 相对式接头 08.197

square pyramid space grid 四角锥网架 05.050

square root of sum of squares method 平方和的平方
根法 16.056

SRSS 平方和的平方根法 16.056

stability 稳定性 02.109

stabilization 稳定 11.242

stabilization pond 稳定塘 11.334

stabilized soil base 稳定土基层 07.195

stabilized soil base course 稳定土基层 07.195

stable combustion 稳定燃烧 12.115

stack 烟囱 05.183

staggered joint 相错式接头，＊相互式接头
08.198

stale air 污浊空气 09.250

standard axle load 标准轴载 07.170

standard gauge 标准轨距 08.002

standard load 荷载标准值 06.102

standard penetration inspection 标准贯入度检验
15.003

standard penetration test 标准贯入试验 14.053

standard schedule of unit rates 单位估价表 13.053

standard shortened rail 缩短轨 08.166

stand-by gas 调峰气 12.036

stand by heat source 备用热源 12.209

standing wave 驻波，＊立波 10.057

statement of arrangement and method for construction
施工方案 13.040

state of decompression 消压状态 04.170

state of plastic equilibrium 塑性平衡状态 03.120

static action 静态作用 04.025

statically determinate structure 静定结构 02.118

statically indeterminate structure 超静定结构，＊静
不定结构 02.119

static analysis scheme of building 房屋静力计算方案
04.265

static condensation 静凝聚 02.305

static cone test 静力触探试验 14.050

static loading test 静载试验 15.002

static moment of area 静面积矩 02.090

static penetration test 静力触探试验 14.050

static press piling 静力压桩 13.087

static pressure line 静水压线 12.281

static roller 静作用压路机 13.181

statics 静力学 02.004

station 车站 08.019

station site 站坪 08.027

station track 站线 08.075

station tunnel 车站隧道 09.015

station yard 站场 08.028

steady-state response 稳态反应，＊稳态响应
02.174

steam consumption 耗汽量 12.197

steam curing 蒸汽养护 13.121

steam heat-supply network 蒸汽热网 12.220

steam heat-supply system 热水供热系统 12.174

steam shielded arc welding 水蒸气保护电弧焊
13.136

steam trap 疏水器 12.234

steam-water heat exchanger 汽－水换热器 12.269

steam-water shock 汽－水冲击 12.291

steel arch 钢架拱 09.198

steel bar 钢筋 01.160

steel bar bender 钢筋弯曲机 13.212

steel bar button head forging 钢筋冷镦 13.118

steel bar butt welding 钢筋对焊 13.113

steel bar butt welding machine 钢筋对焊机 13.217

steel bar cold-drawing machine 钢筋冷拉机 13.208

steel bar cold-press connecting 钢筋冷压连接
13.117

steel bar dieing-drawing machine 钢筋冷拔机
13.209

steel bar flux press welding 钢筋电渣压力焊

13.114

steel bar gas-press welding 钢筋气压焊 13.115

steel bar gas-press welding machine 钢筋气压焊机 13.216

steel bar header 钢筋镦头机 13.215

steel bar mechanical connecting 钢筋机械连接 13.116

steel bar shears 钢筋切断机 13.210

steel bar straightening and shearing machine 钢筋调直切断机 13.211

steel bending 钢材弯曲 13.126

steel bridge 钢桥 06.092

steel-concrete composite beam 钢-混凝土组合梁 04.273

steel-concrete composite slab 钢-混凝土组合板 04.272

steel cutting 钢材剪切 13.124

steel edge processing 钢材边缘加工 13.129

steel fiber 钢纤维 01.180

steel fiber shotcrete lining 钢纤维喷射混凝土衬砌 09.229

steel form moulding 钢模成型 13.102

steel net forming machine 钢筋网成型机 13.214

steel pile 钢桩 03.184

steel pipe 钢管 01.195

steel planing 钢板矫平 13.127

steel plate girder bridge 钢板梁桥 06.094

steel plate rolling 钢材卷圆 13.130

steel punching 钢材制孔 13.128

steel ratio 配筋率 04.110

steel rectification 钢材矫正 13.125

steel reinforced concrete 型钢混凝土 04.278

steel rust removing 钢材除锈 13.139

steel sheet 薄钢板 01.189

steel slag cement 钢渣水泥 01.107

steel structure 钢结构 04.173

steel structure processing technology 钢结构加工工艺 13.123

steel-timber composite roof truss 钢-木组合屋架 04.274

steel truss girder bridge 钢桁梁桥 06.095

steel tube 钢管 01.195

steel wire rope 变形钢筋 01.164

stemming 填塞物，*堵炮泥 09.090

stepped column 阶形柱 05.109

stiffener 加劲肋 04.224

stiffening beam 加劲梁 05.094

stiffening plate 加劲板 04.238

stiff fiber board 硬质纤维板 01.154

stiff fissured clay 裂隙硬黏土，*裂土 03.051

stiffness matrix 刚度矩阵 02.152

stiffness method 刚度法 02.151

stirrup 箍筋 04.121

stirrup bender 钢筋弯箍机 13.213

stirrup ratio 配箍率 04.129

stone arch bridge 石拱桥 06.089

stone coating test 石料裹覆试验 07.250

stone masonry 石砌体，*砌石 04.260

stop line 停止线 07.106

stopping distance 制动距离 10.025

stopping sight distance 停车视距 07.141

storage coefficient 储水系数 14.124

storage track 存车线 08.087

storage yard 堆场 10.034

storativity 储水系数 14.124

storey drift 层间位移 16.064

storm runoff 雨水量 11.042

storm sewer 雨水管道 07.260

storm-water inlet 雨水口 11.061

strain 应变 02.060

strain energy 应变能 02.183

strain gauge 应变仪 15.082

strain hardening 应变强化 02.211

strain-hardening range 强化阶段 02.237

strain indicator 应变仪 15.082

strainometer 应变计 15.092

strain rate 应变率 02.197

strain softening 应变软化 03.114

strand 钢铰线 01.174

stratified bed ion exchange 双层床离子交换 11.316

stream line 流线 02.254

street 街道 07.004

street trees 行道树 07.271

strength 强度 02.102

strength envelope *强度包线 03.119

strength grade of concrete　混凝土强度等级　04.082

strength test　强度试验　12.090

stress　应力　02.056

stress concentration　应力集中　02.193

stress corrosion　应力腐蚀　02.233

stress intensity factor　应力强度因子　02.228

stress recovery method　应力恢复法　14.061

stress relaxation　应力松弛　02.243

stress relief method　应力解除法　14.060

stringer　纵梁　06.152

strip footing　条形基础　03.169

strip map　带状地形图　14.160

stripping test for aggregate　集料剥落试验　07.251

stripping tower　吹脱塔　11.213

strip steel　带钢，＊扁钢　01.191

strong column and weak beam　强柱弱梁　16.062

strongly soluble rock　易溶性岩石　14.013

strong shear capacity and weak bending capacity　强剪弱弯　16.063

structural dynamics　结构动力学　02.168

structural plane　结构面　14.076

structural plane roughness　结构面粗糙度　14.077

structural shape factor of wind load　风荷载体型系数　04.036

structural stress field　构造应力场　09.045

structural wall　剪力墙，＊结构墙　05.021

structure　结构　02.117

stub-end siding　尽头线　08.090

stud　栓钉，＊大头钉　06.189

sub-ballast　底碴　08.159

subbase　底基层　07.192

subbase course　底基层　07.192

subcontract　分包合同　13.029

subcontractor　分包商　13.037

subdivided member　再分杆　05.158

subgrade　地基土　03.005，路基　07.179

subgrade bed　基床　08.288

subgrade defect　路基病害　08.297

subgrade design　路基设计　07.166

subgrade erosion　路基冲刷　08.299

subgrade lesion　路基病害　08.297

subirrigation　地下灌溉　09.308

sublayer　垫层　07.193

submarine tunnel　水下隧道，＊水底隧道　09.026

submerged combustion　浸没燃烧　12.122

submerged dyke　潜堤　10.123

submergible bridge　漫水桥　06.045

subsidence　沉陷　14.043

subsoil　地基土　03.005

substitute natural gas　代用天然气　12.035

substratum　下卧层　03.133

substructure　地下结构　05.009

subsurface erosion　地下潜蚀　03.144

subsurface irrigation　地下灌溉　09.308

suburban railway　市郊铁路　08.010

suburban road　郊区道路　07.005

subway　地下铁道，＊地铁　09.014

suction　吸力　03.108

suction well　吸水井　11.067

sulfate resisting Portland cement　抗硫酸盐硅酸盐水泥　01.100

sulfur cement mortar anchorage　硫磺锚固　08.195

sulfur plaster　硫磺胶泥　01.120

sulfur removal　脱硫　12.045

summit tunnel　越岭隧道　09.024

sump　集水坑　09.267

superelevation　超高　07.139

superelevation slope　超高顺坡　08.117

superheated steam　过热蒸汽　12.180

superimposed crossing　浮放道岔　09.174

superimposed load　附加荷载　03.128

superplasticizer　高效塑化剂　01.217

superstructure　地上结构　05.010

supplementary load　附加荷载　06.105

support　支座　05.170

supporting truss　托架　05.131

surface course　面层　07.190

surface deformation　路面变形　07.239

surface evenness　路面平整度　07.205

surface filtration　表面过滤　11.303

surface friction coefficient　路面摩擦系数　07.174

surface heat exchanger　表面式换热器　12.267

surface loosening　路面松散　07.240

surface of grade crossing　道口铺面　08.163

surface roughness　路面粗糙度　07.206

surface settlement　隧道地表沉陷　09.288

surface water 地表水 03.008

surge 涌浪 10.050

surge tank 调压井 09.008

surplus superelevation 过超高 08.115

surrogate parameter 替代参数 11.142

surrounding rock 围岩 09.038

surrounding rock stability 围岩稳定 09.039

surveying for land levelling 土地平整测量 14.168

survey tunnel 探查坑道 09.062

suspended cable 悬索 02.129

suspended-growth biological process 悬浮生长生物法 11.248

suspended membrane structure 悬挂膜结构 05.066

suspended ribbon bridge 悬带桥 06.085

suspended solids 悬浮固体 11.151

suspended span 挂孔 06.161

suspender 吊索，*吊杆 06.172

suspension bridge 悬索桥，*吊桥 06.081

suspension structure 悬挂结构 05.057

sweetening 脱硫 12.045

swell 涌浪 10.050

swelling pressure 膨胀压力 03.109

swelling rock 膨胀性岩石 14.014

swelling soil 膨胀土 03.031

switch 转辙器 08.262

switching area 调车区 08.054

switching lead 牵出线 08.078

switch rail 尖轨 08.274

switch rail of special section 特种断面尖轨转辙器 08.276

switch tie 岔枕 08.189

symmetrical double curve turnout 单式对称道岔 08.255

symmetrical three-throw turnout 三开道岔 08.257

synergism 增效作用 11.246

synthesis gas 合成气 12.034

system of forces 力系 02.007

T

taking-over certificate 移交证书，*工程验收证书 13.071

taking turns in S-shaped motion 轮对蛇行 06.146

tall and slender structure 高耸结构 05.182

tall building 高层建筑 05.004

tamping 捣固 08.243

tangent modulus 切线模量 02.067

tapered column 楔形柱 05.110

tap water 自来水 11.094

tar 焦油沥青 01.124

target braking 目的制动 08.070

tar removal 脱焦油 12.041

T-beam T形梁 05.100

TBM 隧道掘进机 09.167

tearing mode of crack 撕开型裂纹 02.227

technical specifications 技术条款，*技术要求说明，*技术规范 13.010

technical speed 技术速度 08.144

tee connection 顶接接头 04.184

tee section T形截面 04.113

telephone line 电话线 07.268

television tower 电视塔 05.186

temperature action 温度作用 04.029

temperature control valve 温度调节阀 12.301

template 梁垫 04.270

template with machined bushings 机器样板 06.245

temporary bridge for construction 施工便桥 06.040

temporary facilities 临时设施 13.041

temporary support 临时支护 09.212

tender documents 招标文件 13.008

tender evaluation 评标 13.021

tendering documents 招标文件 13.008

tender opening 开标 13.020

tender price 标价 13.019

tender procedure 招投标程序 13.007

tender security 投标保证书 13.013

tensile structure 张拉结构 05.056

tension 拉伸 02.069

tension structure 张拉结构 05.056

terminal 枢纽 08.026

terminal connecting line 枢纽联络线 08.081

terminal roundabout line 枢纽迂回线 08.082

terrazzo 水磨石 01.085

terrazzo grinder 水磨石机 13.229

tertiary treatment 三级处理 11.321

test cube 立方体试块 01.019

test gas 试验[燃]气 12.149

testing bed 试验台座 15.078

testing instrument 检测仪器 15.024

testing stand 试验台座 15.078

test pit 探井 14.087

test-pitting 井探 14.092

test trench 探槽 14.085

theodolite 经纬仪 15.037

π theorem π定理 15.070

theorem of least work 最小功原理 02.145

theoretical cut-off point of bar 钢筋理论断点 04.132

theoretical lead of turnout 道岔理论导程 08.270

theoretical mechanics 理论力学 02.001

thermal action 温度作用 04.029

thermal expansion 热伸长，＊热膨胀 12.247

thermal insulation course 隔温层 07.204

thermal insulation mortar 保温砂浆 01.257

thermalization 热化 12.163

thermalization coefficient 热化系数 12.164

thermal load 热负荷 12.186

thermally cracked gas 热裂解气 12.028

thermal misadjustment 热力失调 12.290

thermal stress 温度应力 02.167

thermal substation 热力站 12.253

thickener 浓缩池 11.191

thin shell 薄壳 05.031

thin walled bar 薄壁杆 02.108

thin-wall structure 薄壁结构 05.012

thin web girder 薄腹梁 05.097

thread anchorage 螺丝端杆锚具 04.159

three-stage system 三级管网系统 12.064

three-way latticed grid 三向网架 05.048

three-way turnout 三开道岔 08.257

threshold effect 低限效应 11.245

threshold zone 入口区段 09.256

thrift lock 省水船闸 10.149

throat of frog 辙叉咽喉 08.265

throat point 咽喉道岔 08.283

through bridge 下承式桥 06.100

throughput capacity of port 港口通过能力 10.039

through track 贯通线 08.091

through traffic 过境交通 07.092

throw of switch 尖轨动程 08.275

tidal current 潮流 10.080

tidal current limit 潮流界 10.077

tidal limit 潮区界 10.078

tidal reach 感潮河段 10.079

tidal river reach 感潮河段 10.079

tide 潮汐 10.069

tide gate 防潮门 11.066

tide level 潮位 10.073

tide range 潮差 10.074

tide riding level 乘潮水位 10.042

tie 轨枕 08.187

tie backwall 锚杆挡墙 03.161

tie bar 承拉螺栓 04.256，系杆 05.164

tie beam 连系梁 05.084

tie bolt 承拉螺栓 04.256

tied arch bridge 系杆拱桥 06.068

tie plate 垫板 05.149

tie rod 系杆 05.164

tightness test 气密[性]试验 12.091

tight spot [隧道]设计开挖线，＊计价线 09.077

tile 瓦 01.062

till 冰碛土 14.023

timber bridge 木桥 06.086

timber pile 木桩 03.183

timber products 木材制品 01.144

timber stripe 原条 01.146

timber structure 木结构 04.240

timber strut framed bridge 木撑架桥 06.088

timber trestle bridge 木排架桥 06.087

time dependent deformation 时随变形 04.094

time headway 车头时距 07.069

time history analysis method 时程分析法 16.058

time of concentration 汇流时间 11.053

Timoshenko beam 铁摩辛柯梁 02.179

T-intersection 丁字形交叉，＊T形交叉 07.035

tipover car 翻斗车 09.176

tipper 翻斗车 09.176

TLD 调频液体阻尼器，＊调频晃动阻尼器

16.046

TMD 调频质量阻尼器 16.045

toe of side slope 坡脚 08.291

tongue rail 尖轨 08.274

tonnage of traction 牵引定数 08.135

tonnage rating 牵引定数 08.135

top ballast 面碴 08.158

top chord 上弦 05.153

top-down construction method 逆筑法 09.124

top heading 顶部导坑，＊上导坑 09.143

top lateral bracing 上平联 06.185

top of cutting slope 堑顶 08.290

toppling 崩塌 14.036

torque spanner 扭力板手 06.237

torque wrench 扭力板手 06.237

torsion 扭转 02.073

torsional buckling 扭转屈曲 04.209

torsional-flexural buckling 弯扭屈曲 04.210

torsional moment 扭矩 02.084

total coliform 总大肠菌类 11.157

total heterotrophic bacteria count 异养菌总数
11.241

total mineralization of ground water 地下水总矿化度
14.105

total organic carbon 总有机碳 11.143

total organic halogen 总有机卤化物 11.145

total stress 总应力 03.103

towed grader 拖式平地机 13.167

towed scraper 拖式铲运机 13.165

tower 桥塔 06.169

tower crane 塔式起重机 13.158

town border station 城市燃气门站 12.057

town gas 城镇燃气 12.002

track 线路 08.071，轨道 08.154

track alignment 轨道方向 08.216

track buckling 轨道鼓出 08.208

track conjunction 渡线 08.261

track cross level 轨道水平，＊左右水平 08.218

track dynamic stabilizer 轨道动力稳定机 08.236

track inspection 轨道检测 08.213

track intermediate repair 线路中修 08.250

track irregularity 轨道不平顺 08.214

track lifting 起道 08.238

track lining 拨道 08.239

track load spectrum 轨道荷载谱 08.200

track maintenance section 养路工区 08.231

track overhauling 线路大修 08.249

track panel 轨排 08.184

track plan 线路平面 08.098

track profile 线路纵断面 08.104

track renewal 线路大修 08.249

track skeleton 轨排 08.184

tractor scraper 自行式铲运机 13.164

traffic assignment 交通[量]分配 07.081

traffic capacity 输送能力 08.136

traffic composition 交通组成 07.056

traffic control 交通控制 07.108

traffic density 交通密度 07.068

traffic flow 交通流 07.057

traffic island 交通岛 07.040

traffic management device 交通管理设施 07.097

traffic modal split 交通方式划分 07.080

traffic operation office 运转室 08.038

traffic planning 交通规划 07.076

traffic safety facilities 交通安全设施 07.212

traffic sign 交通标志 07.098

traffic surveillance and control system 交通监控系统
07.115

traffic survey 交通调查 07.082

traffic volume 交通量 07.059

traffic volume forecast 交通量预测 07.085

traffic volume prognosis 交通量预测 07.085

traffic volume survey 交通量调查 07.083

[train approach] warning device 报警器 08.233

training mole 导堤 10.115

train spacing point 分界点 08.118

transducer 传感器 15.084

transformed section 换算载面 04.099

transient response 瞬态反应，＊瞬态响应 02.173

transit 经纬仪 15.037

transition curve 缓和曲线 07.125

transition joint 异型接头 08.170

transition lighting 过渡照明 09.263

transition slab 桥头搭板 06.154

transition span 过渡孔 06.078

transition zone 过渡区段 09.257

transition zone of cross section 断面渐变段 07.135

transition zone of curve widening 加宽缓和段 07.136

transit shed 前方仓库 10.032

transit yard 通过场 08.053

translational shell 平移壳 05.034

transmission length of prestress 预应力传递长度 04.169

transmission line tower 输电[线路]塔，*拉线塔 05.188

transmission pipeline 输气管道 12.069

transmission tower 输电[线路]塔，*拉线塔 05.188

transmissivity 导水系数 14.125

transversal ventilation 横向通风 09.246

transverse current 横流 10.137

transverse gallery 横洞 09.151

transverse load distribution 荷载横向分布 06.117

transversely hinge-connected slab method 铰接板法 06.120

transverse rocking force 横向摇摆力 06.109

transverse slope of bridge deck 桥面横坡 06.025

trapezoidal roof truss 梯形屋架 05.134

traveller 挂篮 06.243

travelling speed 旅行速度 08.143

treatability 可处理性 11.159

treatment flowsheet 处理流程 11.164

treatment process 处理过程 11.165，处理方法 11.166

trenching 槽探 14.093

Tresca yield criterion 特雷斯卡屈服准则 02.204

triangular pyramid space grid 三角锥网架 05.049

triangular roof truss 三角形屋架 05.133

triaxial shear test 三轴剪切试验 03.069，15.046

triaxial strength 三轴强度 04.087

trim hole 周边炮眼 09.109

trimmer 周边炮眼 09.109

trip 出行 07.077

trip distribution 出行分布 07.079

trip generation 出行生成 07.078

triple carriageway road 三幅路 07.163

triple layer grid 三层网架 05.046

truck mixer 混凝土搅拌[运输]车 13.197

trumpet interchange 喇叭形立体交叉，*喇叭形立交 07.049

truncated cone banking 锥形护坡 06.014

trunk line 干线 08.072

trunk railway 干线 08.072

truss 桁架 02.130

truss analogy method 桁架比拟法 06.125

truss bridge 桁架桥 06.053

trussed arch bridge 桁架拱桥 06.065

T-section steel T型钢 01.186

T-shaped rigid frame bridge T形刚架桥 06.071

tube 筒体 05.026

tube flow 管流 02.267

tube-in-tube 筒中筒 05.028

tube settler 斜管沉淀池 11.297

tubular column 管柱 05.107

tubular column foundation 管柱基础 03.191

tubular diesel pile hammer 筒式柴油打桩锤 13.169

tuff 凝灰岩 01.075

tuned liquid damper 调频液体阻尼器，*调频晃动阻尼器 16.046

tuned mass damper 调频质量阻尼器 16.045

tuned sloshing damper 调频液体阻尼器，*调频晃动阻尼器 16.046

tunnel 隧道 09.001

tunnel arch 隧道拱圈 09.137

tunnel axis 隧道纵轴线 09.068

tunnel boring machine 隧道掘进机 09.167

tunnel clearance 隧道净断面 09.078

tunnel contour 隧道断面轮廓 09.079

tunnel cross section 隧道横断面 09.075

tunnel cross section convergence 隧道断面收敛 09.291

tunnel diagonal deformation 隧道对角变形 09.293

tunnel drainage facility 隧道排水设备 09.265

tunnel excavation 隧道开挖 09.117

tunnel fire hazard 隧道火灾 09.271

tunnel form 隧道模 13.091

tunnel horizontal deformation 隧道水平变形 09.292

tunnel in earth 土质隧道 09.027

U

V

vibration monitor 振动监测仪 15.096

vibration piling 振动沉桩 13.086

vibratory pile driving and extracting frame 振动沉拔桩架 13.173

vibratory pile hammer 振动桩锤 13.171

vibratory plate compactor 振动平板夯 13.185

vibratory rammer 振动冲击夯 13.186

vibratory roller 振动压路机 13.182

vibratory tamper 振动冲击夯 13.186

vibro-densification 振动压密 03.196

vibroflotation 振冲 03.194

Vierendeel girder 空腹梁 05.092,框架梁 06.079

Vierendeel truss 空腹桁架 05.143

virtual displacement 虚位移 02.134

virtual force 虚力 02.135

virtual work 虚功 02.133

viscoelastic behaviour 黏弹性性状 03.123

viscoelastic damper 黏弹性阻尼器 16.047

viscoelasticity 黏弹性 02.240

viscoplasticity 黏塑性 02.241

viscosity 黏[滞]性 02.250

visual aid 视觉航标 10.162

void ratio 孔隙比 03.085

volcanic ash 火山灰 03.048

volume flocculation 容积絮凝 11.295

volumetric loading 容积负荷 11.328

vortex 涡旋 02.259

vortex-induced vibration 涡致振动 06.145

VTMS 船舶交通管理系统 10.173

W

waffle slab 密肋楼板 05.127

waiting room 候车室 08.036

walk-over survey 踏勘 14.066

wall 墙 05.117

wall frame 壁式框架 05.025

warehouse 后方仓库 10.033

warning device 报警装置 09.273

warp 三角坑,*扭曲 08.215

warping 翘曲 02.113

Warren truss 华伦桁架 05.141

warved clay 淤积黏土 14.022

washer 洗涤塔 12.047

washer shim 锚垫圈 06.165

washing tower 洗涤塔 12.047

waste rock 弃碴 09.155

waste sludge 废[弃]污泥 11.331

wastewater 废水 11.013

wastewater disposal 废水处置 11.167

wastewater engineering 排水工程 11.002

wastewater flow quota 排水定额 11.074

wastewater flow rate 废水量 11.041

wastewater reclamation facilities 中水装置 11.018

wastewater recycling 废水循环 11.021

wastewater reuse 废水复用 11.020

wastewater treatment plant 废水处理厂 11.289

water admixing device 混水装置 12.258

water body 水体 11.091

water capacity 容水量 14.134

water-cement ratio 水灰比 01.016

water conservation 节水 11.008

water consumption 用水量 11.006

water consumption quota 用水定额 11.073

water depth on sill 门槛水深 10.150

water gas 水煤气 12.023

water gate bridge 闸[门]桥 06.044

water glass 水玻璃 01.119

water hammer 水锤 02.268

water hammer of heat-supply system 供热系统水击 12.292

water head 水头 02.260

water injection test 注水试验 14.117

water insulation course 隔水层 07.203

water intake works 取水构筑物 11.148

water-jet piling 水冲沉桩 13.084

water leakage 漏水 09.275

water-mixing direct connection 混水连接 12.276

water output 供水量 11.071

water pipeline 给水管道 07.264

water pressure 水压 11.075

waterproofed concrete 防水混凝土 01.239

well-point back pumping 井点回灌 13.083

well-point dewatering 井点排水 13.082

wet joint 湿接头，*湿缝 06.162

wheel burn 钢轨擦伤 08.220

wheel grader 自行式平地机 13.166

wheel-rail interaction 轮轨关系 08.201

wheel tracking test 车辙试验 07.249

whipping effect 鞭梢效应 16.065

white Portland cement 白色硅酸盐水泥 01.104

wide flange steel H型钢 01.185

width-span ratio 宽跨比 06.129

Williot diagram 维氏变位图 02.138

wind-driven current 风海流 10.082

wind load 风荷载 04.033

wind pulse-vibration factor 风振系数 04.037

wind-resistant stability 抗风稳定性，*空气动力稳定性 06.140

wind signal 风汛信号 10.184

wind tunnel 风洞 15.079

wind wave 风浪 10.051

wing rail 翼轨 08.278

wing wall 翼墙 06.203

wiremesh-shotcrete-rock bolt support 钢筋网喷射混凝土锚杆支护 09.192

wiremesh-shotcrete support 钢筋网喷射混凝土支护 09.191

wire rod 线材，*盘条 01.166

wire tendon 钢丝束 01.175

Wobbe index 华白[指]数 12.097

Wobbe number 华白[指]数 12.097

wood species 木材品种 01.139

work 功 02.028

workability 工作度 01.021

working drawings 施工图 13.073

working drawings based estimate 施工图预算 13.044

working face 工作面 09.136

working pressure 工作压力 12.283

working surface of rail 钢轨工作边 08.251

working water level 施工水位 10.188

X

X-ray detector X射线探伤仪 15.035

X-ray photo detection X射线照相检验 15.019

Y

yard 车场 08.043

yard controller's tower 站调楼 08.039

yard track 站线 08.075

year round heating load 常年性热负荷 12.191

yellow flame 黄焰 12.112

yield coefficient 产率系数 11.258

yield condition 屈服条件 02.202

yield criterion 屈服准则 02.203

yield moment 屈服弯矩 04.108

yield point 屈服点 02.201

yield strength 屈服强度 04.073

Z

zero blowdown 零排污 11.231

zoning intensity 基本烈度 16.011

汉 英 索 引

A

艾里应力函数　Airy stress function　02.186

安定[性]理论　shake-down theory　02.221

安全产水量　safe yield　11.108

安全岛　refuge island, safety island　07.213

安全阀　safety valve　12.260

安全线　catch siding　08.076

安全性　safety　04.002

安全装置　safety device　12.153

安装焊缝　erection weld　04.194

安装螺栓　assembling bolt　04.257

安装锚杆台车　bolting jumbo　09.182

岸基雷达链　shore-based radar chain　10.176

岸墙　quay wall　03.154

暗挖隧道　bored tunnel　09.036

B

八字形桥台　abutment with flare wing wall　06.201

拔出试验　pull-out test　04.098

*拔出试验　bar drawing inspection　15.011

拔起高度　height of lifting, ascent of elevation　08.134

坝　dam　03.011

白色硅酸盐水泥　white Portland cement　01.104

白云石　dolomite, bitter spar　01.076

摆轴支座　pendulum bearing　06.183

板　plate, slab　02.188

板端错台　faulting of slab ends　07.244

板梁　plate girder　05.095

板桥　slab bridge　06.055

板式轨道　slab track　08.178

板式基础　slab foundation　03.167

板柱结构　slab-column structure　05.014

板桩码头　sheet pile quay wall, sheet pile wharf　10.099

板桩墙　sheet pile wall　03.156

半断面开挖　half section excavation　09.121

半刚性基层　semi-rigid base course, semi-rigid base　07.194

半横向通风　semi-transversal ventilation　09.247

半解析法　semi-analytical method　02.285

半密闭式燃[气用]具　flued gas appliance, vented type　12.141

半日潮　semi-diurnal tide　10.071

傍山隧道　sidehill tunnel　09.025

包络图　envelope diagram　02.165

包辛格效应　Bauschinger effect　04.076

薄板　board　01.150

薄壁杆　thin walled bar　02.108

薄壁结构　thin-wall structure　05.012

薄腹梁　thin web girder　05.097

薄钢板　steel sheet　01.189

薄壳　thin shell　05.031

饱和度　degree of saturation　03.086，07.066

饱和土液化　liquefaction of saturated soil　16.071

饱和蒸汽　saturated steam　12.181

保留金　retention money　13.067

保温　insulation　12.243

保温砂浆　thermal insulation mortar　01.257

保险螺栓　safety bolt　04.245

*保修期　defects liability period　13.035

报警器　[train approach] warning device　08.233

报警装置　warning device　09.273

暴雨强度　intensity of storms　11.043

爆破漏斗　blasting crater　09.103

爆破速度　detonation velocity　09.099

爆破振动效应　vibration effect of explosion　09.105

爆炸极限　explosive limit　12.099

爆炸挤密　blasting compaction　03.195

爆炸式夯实机 explosion compactor, explosion rammer 13.187

爆炸威力 brisance 09.098

爆炸作用 explosion action 04.030

刨花板 shaving board 01.155

刨平边 planed edge 04.197

杯罐试验 jar test 11.185

备用热源 stand by heat source 12.209

备淤深度 allowance for sedimentation 10.143

背板 lagging 09.213

背压式汽轮机 back pressure turbine 12.215

被动土压力 passive earth pressure 03.152

本构方程 constitutive equation 02.182

本构关系 constitutive relation 03.124

*本生燃烧 partially aerated combustion, Bunsen combustion 12.117

*本征矢[量] eigenvector 02.177

*本征值 eigenvalue 02.176

崩解性土 disintegrated soil 14.026

崩解性岩石 disintegrated rock 14.015

崩塌 collapse, toppling 14.036

泵送剂 pumping admixture 01.225

泵站 pumping station 11.034

*比电阻法 resistivity method 09.060

比较线 alternative line 07.148

比例加载 proportional loading 02.219

比流量 specific discharge 14.139

比拟正交异性板法 quasi-orthotropic plate method 06.122

比压降 specific pressure drop 12.248

闭式热水热网 closed-type hot-water heat-supply network 12.226

壁式框架 wall frame 05.025

壁柱 pilaster 05.115

避风港 refuge harbor 10.012

避难线 refuge siding 08.077

边沟 side ditch 08.294

边界层 boundary layer 02.265

边界元 boundary element 02.300

边孔 side span 06.028

*边跨 side span 06.028

边梁 edge beam 05.085

边抛 side casting 10.146

边坡 slope 03.140, side slope 08.289

*边墙 side wall 06.205

编发线 marshalling-departure track 08.080

编组站 marshalling station, marshalling yard 08.024

鞭梢效应 whipping effect 16.065

*扁钢 strip steel 01.191

扁壳 shallow shell 05.032

变分法 variational method 02.279

变分原理 variational principle 02.288

变更 variation, change order 13.064

变坡点 point of change of gradient, grade change point 08.113

变水头渗透试验 falling head permeability test 14.115

变速车道 speed change lane 07.021

变形 deformation 02.049

变形缝 deformation joint 05.176

变形钢筋 steel wire rope, deformed bar 01.164

变质岩 metamorphic rock 14.003

标底 employer's estimate 13.018

标价 tender price 13.019

标书表格 form of tender 13.011

标志牌 sign board 07.099

标准额定热负荷 normal rated heat load 12.134, 12.187

标准贯入度检验 standard penetration inspection 15.003

标准贯入试验 standard penetration test, SPT 14.053

标准轨距 standard gauge 08.002

标准轴载 standard axle load 07.170

表面过滤 surface filtration 11.303

表面式换热器 surface heat exchanger 12.267

冰川沉积 glacial deposit 03.049

冰荷载 ice pressure, ice load 04.039

冰碛土 moraine, glacial till, till 14.023

拨道 track lining 08.239

波长 wave length 10.045

波动法测桩 waving inspection for piles 15.008

波陡 wave steepness 10.063

波峰 wave crest 10.048

波高 wave height 10.044

波谷 wave trough 10.049

波浪 wave 10.043

波浪反射 wave reflection 10.059

波浪力 wave force 10.090

波浪绕射 wave diffraction 10.061

波浪特征值 wave characteristics 10.062

*波浪衍射 wave diffraction 10.061

波浪折射 wave refraction 10.060

波谱 wave spectrum 10.054

波前法 frontal method 02.312

波速 wave celerity, wave velocity 10.047

波速测定 wave velocity measurement 14.049

波速勘探法 wave velocity survey 03.081

波周期 wave period 10.046

玻璃纤维 glass fiber 01.178

伯努利定理 Bernoulli theorem 02.245

驳岸 bulkhcad 10.104

泊松比 Poisson ratio 02.064

泊位 berth 10.030

泊位电话 berth telephone 10.159

泊位利用率 berth occupancy 10.036

泊位通过能力 berth throughput capacity 10.037

薄弱楼层 weak storey 16.066

补偿器 compensator for thermal expansion 12.246

补充水 make-up water 11.015

补给率 recharge rate 14.128

补给水 make-up water 12.183

补水率 make-up water percentage 12.250

不规则波 irregular wave 10.053

不均匀系数 coefficient of uniformity 03.088,
variation factor 12.054

不可预见费 provision for contingency, allowance for
contingency 13.069

不排土桩 non-displacement pile 03.182

*不扰动土样 undisturbed soil sample 03.059

不透水性 water tightness 01.029

不透水性试验 impermeability test 15.051

不完全燃烧 incomplete combustion 12.114

步行街 pedestrian street 07.014

部分预混［式］燃烧 partially aerated combustion,
Bunsen combustion 12.117

部分预应力 partial prestressing 04.157

部件 component 05.069

C

材料强度标准值 characteristic value for strength of
material 04.062

材料强度分项系数 partial safety factor for strength of
material 04.064

材料强度设计值 design value for strength of material
04.063

*采暖热负荷 space heating load 12.190

彩色水泥 colored Portland cement 01.105

残积土 residual soil 14.018

残余变形 residual deformation 15.074

残余强度 residual strength 03.116

残余应变 residual strain 02.208

残余应力 residual stress 02.207

槽钢 channel steel 01.184

槽式列车 bunker train 09.181

槽探 trenching 14.093

槽形板 channel slab 05.073

槽形梁 channel beam 05.101

侧壁导坑 side wall drift 09.144

*侧沟 side ditch 08.294

侧面标志 hand mark 10.171

侧墙 side wall 06.205

侧限压缩模量 oedometric modulus 03.095

侧向土压力 lateral earth pressure 03.149

侧卸式矿车 side dump car 09.177

测段 segment of survey 08.130

测缝计 crack gauge, crack meter 15.091

*测斜仪 inclinometer 15.085

测压高度 piezometric height 14.141

*测压计 manometer 15.099

测压水头 piezometric head 14.140

层间位移 storey drift 16.064

层流 laminar flow 02.263

叉桩 brace pile, coupled batter pile 10.111

插入式混凝土振动器 internal concrete vibrator
13.201

插值 interpolation 02.296

查照间隔 guard rail check gauge 08.271

岔线 spur track 08.085

岔枕 switch tie, turnout tie 08.189

拆模 removal of form 13.094

柴油锤打桩架 diesel hammer pile driving frame 13.172

掺合料 additive 01.229

掺混气 mixed gas 12.032

产率系数 yield coefficient 11.258

颤振 flutter 06.141

颤振临界风速 critical wind speed of flutter 06.142

长大坡长 long steep grade 08.151

长度交会法 linear intersection method 14.156

长期刚度 long-term stiffness 04.149

长期强度 long-term strength 03.117

长期效应组合 combination for long-term action effects 04.056

长细比 slenderness ratio 02.107

长线台座成型 long line platform moulding 13.103

常年性热负荷 year round heating load 12.191

常水头渗透试验 constant head permeability test 14.114

常水位 ordinary water level, OWL, mean water level 06.003

厂区管道 house-service gas pipe 12.072

场地 site 16.027

场地复杂程度 site complexity 14.071

场地类别 site category, site classification 16.028

场地平整 site levelling, levelling of ground 13.076

场地稳定性 site stability 14.070

敞口式桥 open bridge 06.096

超车视距 overtaking sight distance 07.142

超纯水 ultra-pure water 11.152

超高 superelevation 07.139

超高顺坡 superelevation slope 08.117

超固结土 overconsolidated soil 03.052

超筋梁 over-reinforced beam 04.101

超静定次数 degree of statical indeterminacy 02.141

超静定结构 statically indeterminate structure 02.119

超滤 ultra-filtration 11.224

超前导坑 pilot drift 09.142

超前探测 forward probe 09.063

超前支护 forepoling, spiling 09.193

超声波探伤 ultrasonic flaw detection 15.020

超声波探伤仪 ultrasonic flaw detector 15.036

超声-回弹综合检测仪 ultrasonic-rebound combined detector 15.025

超挖 overbreak 09.127

超张拉 over-stretching, over-tensioning 13.099

潮差 tide range 10.074

潮流 tidal current 10.080

潮流界 tidal current limit 10.077

潮区界 tidal limit 10.078

潮位 tide level 10.073

潮汐 tide 10.069

车场 yard 08.043

车挡 bumper post 08.042

车道 lane 07.020

车道宽度 lane width 07.160

车辆废气排出 vehicle emission 09.241

车流 vehicle flow, vehicle stream 07.058

车头间距 space headway 07.070

车头时距 time headway 07.069

车行道 carriageway 07.016

车行道边[缘]线 edge line of carriageway 07.104

车行道中[心]线 center line of carriageway 07.105

车站 station 08.019

车站隧道 station tunnel 09.015

车辙 rut 07.243

车辙试验 wheel tracking test 07.249

尘土 dust 01.209

沉淀池 clarifier, sedimentation tank 11.187

沉积岩 sedimentary rock 14.002

沉降差 differential settlement 03.130

沉降缝 settlement joint 05.178

沉降观测 settlement observation 15.021

沉降[量] settlement 03.129

沉降作用 settlement action 04.031

沉井 open caisson 06.219

沉井基础 open caisson foundation 03.190

沉埋法 immersed tube method, immersed tunneling method 09.116

沉砂池 grit chamber 11.264

沉陷　subsidence　14.043

沉箱基础　caisson foundation, pneumatic caisson foundation　03.189

衬板　liner plate　09.214

衬砌裂损　lining split　09.278

成本加酬金合同　cost reimbursement contract, cost plus fee contract　13.027

成拱作用　arching, arch action　09.049

成熟期　ripening period　11.194

成型工艺　moulding process　13.101

成组立模成型　vertical cassette form moulding　13.107

承包　contract, contracting　13.030

承包商　contractor　13.036

承拉螺栓　tie bar, tie bolt　04.256

承台　platform　06.211

承托　haunch　06.159

承载板试验　plate-bearing test, loading plate test　07.246

承载能力　load-carrying capacity, bearing capacity　04.068

承载能力极限状态　ultimate limit state　04.016

承重构件　load-bearing member　05.068

承重墙　bearing wall　05.118

城市导线测量　urban traverse surveying　14.164

城市道路　urban road　07.003

城市道路桥　urban road bridge　06.033

城市废水　municipal wastewater　11.076

城市供热　municipal heat-supply　12.161

城市给水　municipal water supply　11.003

城市燃气调度　city gas dispatch　12.089

城市燃气门站　city gas gate station, town border station　12.057

城市燃气输配系统　gas transmission and distribution system　12.056

城市三角测量　urban triangulation surveying　14.163

城市市政隧道　urban utility tunnel　09.022

城市铁路　city railway, urban railway　08.009

城镇燃气　city gas, town gas　12.002

乘潮水位　tide riding level　10.042

澄清　clarification　11.186

澄清池　solids contact clarifier　11.300

吃水　draft　10.018

驰振　galloping　06.143

迟发雷管　delay detonator　09.093

*迟期爆破　delay blasting　09.101

持久极限　endurance limit　02.238

*持久强度　endurance limit　02.238

持力层　bearing stratum　03.132

*持水度　field water retaining capacity　14.133

齿槽连接　notch and tooth joint　04.244

齿轮齿条式升降机　rack and pinion hoist　13.162

充满度　depth ratio　11.054

充气结构　pneumatic structure, air-inflated structure　05.065

充氧能力　oxygenation capacity　11.270

冲沟　coombe, gulch　14.046

冲击　impact　02.046

冲击力　impact force　06.107

冲击钻［机］　percussion drill　13.231

冲积土　alluvium, alluvial soil　14.021

冲剪破坏　punching shear failure　03.139

冲量　impulse　02.031

冲刷　scouring　06.011

冲填土　hydraulic fill, dredger fill　14.031

冲洗强度　backwash rate　11.308

冲抓成孔机　impact-grab boring machine　13.177

重复作用　repeated action　04.027

重塑土样　remolded sample　03.061

重现期　recurrence interval　11.050

*抽风机　exhauster　12.048

抽汽式汽轮机　extraction turbine　12.216

稠度　consistency　01.015

稠度界限　consistency limit　03.066

稠度试验　consistency test　15.042

臭氧化　ozonization　11.311

出碴作业　mucking out　09.157

出发场　departure yard　08.046

出口　exit　07.039

出口段　outlet section　09.074

出口区段　exit zone　09.259

出口照明　exit lighting　09.261

出入口隧道　access tunnel　09.017

出水口　outfall　11.060

出行　trip　07.077

出行分布　trip distribution　07.079
出行生成　trip generation　07.078
初沉污泥　primary sludge　11.341
初滤排水　filtrate to waste　11.195
初期支护　primary support　09.223
初始缺陷　initial imperfection　04.205
初始应力场　primary stress field　09.044
除硅　desilication　11.218
除盐　desalination　11.216
除盐水　desalinated water　11.131
＊储灌站　LPG distribution station　12.088
储配站　gas holder station　12.084
储气罐　gas holder　12.083
储水系数　storage coefficient, storativity　14.124
处理方法　treatment process　11.166
处理过程　treatment process　11.165
处理流程　treatment flowsheet　11.164
传递弯矩　carry-over moment　02.163
传递系数　carry-over factor　02.162
传感器　transducer　15.084
传力杆　dowel bar　07.209
传氧效率　oxygen transfer efficiency　11.269
船舶挤靠力　ship breasting force　10.088
船舶交通管理系统　vessel traffic management service, VTMS　10.173
船舶载重量　deadweight tonnage of vessel, deadweight of vessel　10.019
船舶撞击力　ship collision force　06.115, ship impact force　10.087
船行波　ship wave　10.141

船闸　navigation lock　10.147
船闸输水系统　filling and emptying system of lock　10.154
船闸水头　lift of lock　10.151
椽［子］　rafter　05.079
吹扫　blow down, purging, emptying　12.093
吹填　hydraulic reclamation, hydraulic fill　10.186
＊吹填土　hydraulic fill, dredger fill　14.031
吹脱塔　stripping tower　11.213
垂度　sag　05.063
垂直升船机　vertical ship lift　10.156
锤击沉桩　hammer piling　13.085
春翻层　spring overturn　11.139
纯水　pure water　11.133
磁粉探伤检验　magnetic powder detection　15.018
磁粉探伤仪　magnetic powder flaw detector　15.034
次干路　secondary trunk road　07.008
次固结　secondary consolidation　03.102
次梁　secondary beam　05.077
＊次压缩　secondary compression　03.102
粗集料　coarse aggregate　01.203
粗粒土　coarse grained soil　03.013
粗磨石　primary grinding stone　01.082
粗砂　coarse sand　03.020
催化裂解气　catalytically cracked gas　12.029
催化燃烧　catalytic combustion　12.121
脆性破坏　brittle failure　04.066
脆性涂层法　brittle-coating method　15.068
存车线　storage track　08.087
搓板　corrugation　07.242

D

搭接长度　lap length　04.135
搭接接头　lap connection　04.182
搭扣瓦　interlocking tile　01.066
达朗贝尔原理　d'Alembert principle　02.033
达西定律　Darcy law　02.276
打入桩　driven pile　03.179
打桩船　floating pile driver, pile driving barge　10.199
大潮　spring tide　10.075
大断面开挖　large cross section excavation　09.120

大孔混凝土　no-fines concrete　01.249
大口井　dug well, large opening well　11.104
大跨度结构　large-span structure, long-span structure　05.005
大理石　marble　01.070
大模板　large form, gang form　13.090
大气式燃烧器　atmospheric burner　12.125
＊大头钉　stud　06.189
大型墙板　large panel wall　05.122
大型屋面板　large roof slab, large panel roof slab

05.074

大修 heavy maintenance 07.228

代用天然气 substitute natural gas, SNG 12.035

带钢 strip steel 01.191

带宽 band width 02.299

带式运输机 conveyor belt 09.166

带状地形图 strip map, belt topographic map 14.160

带状矩阵 banded matrix 02.298

单臂掘进机 single boom roadheader 09.169

单层衬砌 single shell lining 09.221

单层建筑 single-storey building 05.002

单代号网络图 precedence network diagram 13.059

单点系泊设施 single buoy mooring system 10.105

＊单独基础 single footing 03.165

单幅路 single carriageway road 07.161

单管制蒸汽热网 one-pipe steam heat-supply network 12.221

单级管网系统 single-stage system 12.062

单价合同 schedule of rates contract, unit rate contract 13.028

单进路 single route 08.121

单卷筒卷扬机 single drum winch, mono-drum winch 13.160

单开道岔 simple turnout 08.254

单坡 one way gradient 09.070

单曲线 simple curve 08.100

单式不对称道岔 unsymmetrical double curve turnout 08.256

单式对称道岔 symmetrical double curve turnout 08.255

单索面斜拉桥 cable-stayed bridge with single cable plane 06.074

单位估价表 standard schedule of unit rates 13.053

单位荷载法 unit-load method 02.136

单线隧道 single-track tunnel 09.032

单线铁路 single track railway 08.016

单向板 one-way slab 05.070

单向过闸 one-way transit 10.152

单向推力墩 one-way anti-thrust pier, single direction thrusted pier 06.195

单行路 one-way road 07.109

单元刚度矩阵 element stiffness matrix 02.153

淡水 fresh water 11.090

挡土墙 retaining wall 03.153

导标 leading mark 10.166

导堤 jetty, training mole 10.115

导杆式柴油打桩锤 guide rod type diesel pile hammer 13.170

导梁 launching nose 06.231

导流岛 channelization island 07.041

导流结构物 diversion structure 06.013

导曲线 curve of turnout, lead curve 08.263

导水系数 transmissivity 14.125

导压系数 piezometric conductivity 14.126

岛式防波堤 offshore breakwater, detached breakwater, isolated breakwater 10.119

倒虹吸管 inverted siphon 11.081

倒塌 collapse 16.021

捣固 tamping 08.243

到达场 receiving yard 08.044

到发场 receiving-departure yard 08.045

道碴 ballast 08.155

道碴袋 ballast pocket 08.300

道岔 turnout 08.253

道岔理论导程 theoretical lead of turnout 08.270

道岔区 turnout zone 08.282

道床 ballast bed 08.156

道床夯实 ballast ramming 08.241

道床配碴整形 ballast distributing and trimming 08.242

道钉 spike 08.161

道口铺面 surface of grade crossing 08.163

道路 road 07.001

[道路]服务水平 level of service 07.067

道路工程 road engineering 07.002

道路技术标准 road technical standard 07.143

道路建筑限界 boundary line of road construction 07.165

道路交叉 road intersection 07.032

道路绿化 road planting 07.270

道路面积率 road area ratio 07.087

道路网密度 density of road network 07.086

道路线形 road alignment 07.119

道路养护 road maintenance 07.227

道路用地线 right-of-way line 07.116

道路照明　road lighting　07.256

道路中线　center of road　07.118

灯船　light vessel　10.168

灯浮标　light buoy　10.170

灯塔　lighthouse　10.165

灯桩　light beacon　10.167

等参元　isoparametric element　02.304

等强度设计　design of equal bearing capacity　04.213

等外材　under-grade wood　01.143

等稳定设计　design of equal stability　04.212

等效荷载法　equivalent load method　04.172

等效结点荷载　equivalent nodal load　02.154

等效矩形应力图　equivalent rectangular stress block　04.104

等效应变　equivalent strain　02.199

等效应力　equivalent stress　02.198

低承台桩基　embedded footing on piles, low capped pile foundation　06.215

低热水泥　low-heat Portland cement　01.099

低温核供热系统　heat-supply system based upon low temperature nuclear reactor　12.171

低温核能供热堆　low temperature nuclear heating reactor　12.204

低温水　low-temperature hot water　12.179

低限效应　threshold effect　11.245

低氧化氮燃烧　low NOx combustion　12.120

＊低桩承台　embedded footing on piles, low capped pile foundation　06.215

堤　levee, embankment　03.010

堤心　breakwater core　10.124

底部剪力法　equivalent base shear method　16.054

底碴　sub-ballast　08.159

底鼓　floor heave　09.132

底基层　subbase, subbase course　07.192

抵抗弯矩图　resistance moment diagram　04.130

抵抗线　burden　09.087

地板创平机　plank floor planer　13.230

地表水　surface water　03.008

地层锚杆　ground anchor　03.158

地层－隧道结构相互作用　ground-tunnel structure interaction　09.080

地层弹性抗力　elastic resistance of ground　09.081

地层压力　ground pressure　09.046

地方铁路　local railway　08.015

地基　foundation, footing　03.006

地基处理　ground treatment, foundation treatment　03.007

地基勘察　soil investigation, soil exploration　03.012

地基土　foundation soil, subsoil, subgrade　03.005

地界标志　property line post　13.075

地沥青玛琋脂　mastic asphalt　01.133

地裂　ground fracturing, ground fissuration　14.040

地面沉陷　land subsidence　14.042

地面磨光机　floor polisher　13.228

地面抹光机　floor trowelling machine　13.227

＊地面运动　ground motion　16.031

地球物理勘探　geophysical exploration　03.078

地热供热系统　heat-supply system based upon geo-thermal energy　12.173

地热资源　geothermal resource　14.142

地上敷设　above-ground installation　12.235

地上结构　superstructure　05.010

＊地铁　subway, metro, underground railway　09.014

地下仓库　underground storehouse　09.302

地下厂房　underground workshop　09.300

地下储气　gas underground storage　12.082

地下储油　underground storage of oil　09.303

地下存储核废料　underground storage of nuclear waste　09.305

地下存储液化天然气　underground storage of lique-fied natural gas, underground storage of LNG　09.304

地下敷设　underground installation　12.236

地下工程　underground works　09.297

地下管线　underground pipelines　07.259

地下灌溉　subirrigation, subsurface irrigation　09.308

地下结构　substructure　05.009, underground structure　09.298

地下截流工程　interception of underground water　09.307

地下空间　underground space　09.296

地下连续墙　diaphragm wall, underground diaphragm wall　03.157

地下气化 underground gasification of coal 12.026

地下潜蚀 subsurface erosion 03.144

地下商场 underground market 09.299

地下水 ground water 03.009

地下水坝 ground water dam 09.306

地下水补给量 ground water recharge capacity 14.108

地下水储量 ground water storage 14.107

地下水动态 ground water regime 14.111

地下水库 ground water reservoir 14.110

地下水连通试验 ground water connectivity test 14.119

地下水露头 outcrop of ground water 14.143

地下水示踪试验 ground water tracer test 14.120

地下水硬度 ground water hardness 14.106

地下水总矿化度 total mineralization of ground water 14.105

地下铁道 subway, metro, underground railway 09.014

*地下停车场 underground parking 09.301

地下停车库 underground parking 09.301

地应力 crustal stress 09.043

地震波 seismic wave 16.032

地震重现期 earthquake return period 16.030

地震动 ground motion 16.031

地震动孔隙水压力 seismic pore water pressure 16.069

地震动土压力 seismic earth pressure, earthquake dynamic earth pressure 16.070

地震反应 earthquake response 16.023

地震烈度 earthquake intensity 16.010

地震区 earthquake region, seismic zone 16.014

地震物探法 seismic geophysical survey 03.080

*地震响应 earthquake response 16.023

地震小区划分 seismic microzoning 16.015

地震灾害 earthquake disaster 16.016

地震震害 earthquake damage 16.017

地震作用 earthquake action 16.003

地质点 point of observation, geologic observation point 14.065

地质适宜性 geological suitability 14.069

递降速过滤 declining rate filtration 11.305

点焊 point welding, spot welding 13.111

点火 lighting, ignition 12.105

点火装置 ignition device 12.152

点速度 spot speed 07.075

电测井 electric logging 14.096

电磁诱导检测 magnetic induction inspection 15.014

电导率 conductivity 11.149

电弧点焊 arc spot weld 04.229

电弧焊 arc welding 13.112

电化学加固 electrochemical stabilization 03.202

电话线 telephone line 07.268

电力线 power line 07.267

电气化铁路 electrified railway 08.018

电气集中信号楼 signal box for electrical interlocking 08.040

电热养护 electric heat curing 13.122

电容应变计 capacitance strain gauge 15.087

电渗 electro-osmosis 03.201

电渗析法 electrodialysis process 11.225

电视塔 television tower 05.186

*电栓焊 bolt embedded welding 13.135

电液伺服试验设备 electro-hydraulic servo testing equipment 15.077

电阻点焊 resistance spot weld 04.228

电阻勘探法 electrical prospecting 03.079

电阻率 resistivity 11.150

电阻率法 resistivity method 09.060

电阻应变片 electric resistance strain gauge 15.083

垫板 tie plate, bearing plate, bearing pad 05.149

垫层 bed course, sublayer 07.193

垫碴 ballast packing 08.244

垫砂起道 measured shovel packing 08.245

吊车荷载 crane load 04.040

吊车梁 crane girder 05.096

吊斗 skip 09.149

吊杆 hanger rod 05.165

*吊杆 suspender 06.172

*吊桥 suspension bridge 06.081

吊索 suspender 06.172

*OD调查 origin-destination survey, origin-destination study 07.084

调车场 marshalling yard, shunting yard 08.047

调车区 switching area 08.054

调车线 shunting track, classification track 08.079

调度渡线 dispatching crossover 08.095

迭代法 iteration method 02.313

*叠合梁桥 composite girder bridge 06.054

丁字形交叉 T-intersection 07.035

钉连接 nailed joint 04.247

顶部导坑 top heading 09.143

顶管法 pipe jacking method 09.112

顶管掘进机 pipe jacking tunnelling machine 13.154

顶接接头 tee connection 04.184

顶推法施工 incremental launching method 06.223

π定理 π theorem 15.070

定线 line location 07.150

*定向式立交 directional interchange 07.051

定向式立体交叉 directional interchange 07.051

定压点 pressurization point 12.278

定压方式 pressurization methods 12.277

定压装置 pressurization installation 12.279

定值设计法 deterministic design method 04.013

定周期交通信号 fixed cycle signal 07.114

动力触探试验 dynamic penetration test, dynamic sounding 14.052

动力坡度 momentum grade 08.110

动力特性 dynamic characteristics, dynamic property 16.052

动力学 dynamics 02.005

动量 momentum 02.030

动能 kinetic energy 02.029

动水压线 operation pressure 12.282

动态反应 dynamic response 02.172

*动态响应 dynamic response 02.172

动态作用 dynamic action 04.026

冻结法 ground freezing method 09.115

冻融试验 freezing and thawing test 07.253

冻融循环试验 freezing and thawing test 15.050

冻土 frozen soil 14.027

冻胀 frost heaving 07.236

冻胀力 frost heaving force 06.112

斗仓 bunker 05.192

斗轮式挖沟机 bucket wheel trencher 13.151

斗轮式挖掘机 bucket wheel excavator 13.149

抖振 buffeting 06.144

独立基础 single footing 03.165

独塔式斜拉桥 cable-stayed bridge with single pylon 06.075

堵漏 leakage protection 09.277

*堵炮泥 stemming 09.090

渡线 crossover, track conjunction 08.261

镀锌板 galvanized steel sheet 01.190

镀锌钢丝 galvanized steel wire 01.168

端承桩 point bearing pile 03.176

短程线穹顶 geodesic dome 05.055

短螺旋成孔机 partial screw earth auger 13.175

短期刚度 short-term stiffness 04.147

短期效应组合 combination for short-term action effects 04.055

断裂 fracture 14.039

断裂力学 fracture mechanics 02.222

断裂韧性 fracture toughness 02.229

断裂准则 fracture criterion 02.230

断面法 sectional method 13.079

断面渐变段 transition zone of cross section 07.135

断续焊缝 intermittent weld 04.195

堆场 storage yard 10.034

堆肥 composting 11.287

堆货荷载 cargo load 10.092

堆积土 accumulation soil 14.017

对接 butt joint 04.255

对接接头 butt connection 04.183

镦头锚 button-head anchorage 04.161

墩 pier 05.113

墩基础 pier foundation 03.188

墩帽 pier cap 06.196

墩身 pier shaft, pier body 06.197

墩式码头 dolphin pier 10.100

趸船 pontoon 10.103

盾构 shield 09.158

盾构法 shield method 09.111

盾构掘进机 shield tunnelling machine 13.153

多层建筑 multi-storey building 05.003

多点系泊设施 multi-point mooring system 10.106

多管制蒸汽热网 multipipe steam heat-supply network 12.223

多级船闸 multi-chamber lock, lock flight 10.148

多级管网系统 multi-stage system 12.065

多级屏障思想　multiple barrier concept　11.169
多路交叉　multiple intersection　07.037
多年冻土　permafrost　03.035
多余未知力　redundant force　02.142

多遇地震　frequently occurred earthquake　16.004
惰性气体保护电弧焊　inert gas shielded arc welding　13.133

E

额定热负荷　rated heat input, rated heat load　12.133
耳墙　cantilevered wing wall　06.206
二沉污泥　secondary sludge　11.342
*二次衬砌　permanent lining, secondary lining　09.224

二次蒸发箱　flash tank　12.262
二次蒸汽　flash steam　12.182
二级处理　secondary treatment　11.320
二阶理论　second order theory　06.133
二氧化碳气体保护电弧焊　carbon dioxide gas shielded arc welding　13.134

F

发电厂房　power house　09.009
发热量　heating value, calorific value　12.096
发生炉煤气　producer gas　12.022
筏形基础　raft foundation　03.171
法向应变　normal strain　02.061
法向应力　normal stress　02.057
翻斗车　tipper, tipover car　09.176, small dumper　13.168
翻浆　frost boiling　07.235
翻浆冒泥　mud-pumping　08.298
反复作用　reversed cyclic action　04.028
反光标志　reflecting sign　07.101
反光路钮　reflecting button　07.102
反射法地震勘探　seismic reflection method　09.059
反射裂缝　reflection crack　07.233
反渗透法　reverse osmosis process　11.226
反向曲线　reverse curve　07.127
反硝化　denitrification　11.254
反[演]分析　back analysis　09.082
反应谱　response spectrum　16.024
反应器　reactor　11.173
反[作用]力　reaction　02.018
方块　block　10.109
方木　squared timber　01.148
方位标志　bearing mark　10.172
方正石　regular stone　01.079
防波堤　breakwater, mole　10.114

防波堤口门　breakwater gap　10.024
防潮门　tide gate　11.066
防冻剂　antifreeze agent　01.222
防辐射混凝土　radiation shielding concrete　01.241
防腐处理　corrosion proofing, corrosion preventing treatment　13.146
防护栅　safety fence, guard fence　07.217
防爬器　anti creeper, anchor　08.164
防沙堤　sediment barrier　10.028
防水[薄]膜　waterproofing membrane　09.225
防水层　waterproofing, waterproof layer　06.177
防水混凝土　waterproofed concrete　01.239
防水剂　waterproofing agent　01.138
防水卷材　waterproofing roll roofing　01.134
防水砂浆　waterproofed mortar　01.256
防水涂料　waterproofing paint　01.136
防眩屏　anti-glare screen, anti-dazzling screen　07.218
防震缝　aseismic joint, earthquake proof joint　05.180
防止不完全燃烧装置　oxygen depletion safety shut off device　12.156
防撞墙　anti-collision wall　06.156
*房屋结构　building structure　05.001
房屋静力计算方案　static analysis scheme of building　04.265
放气阀　vent valve　12.233

放射路　radial road　07.011
放射线穿透检测　radial activity inspection　15.013
放水阀　drain valve, blow off valve　12.232
放线　setting out, setting out of route, lay out of route　14.151
飞模　flying form, corbel form　13.092
非保向力效应　non-orienting force effect　06.147
非承重墙　non-bearing wall　05.119
非机动车道　non-motor carriageway, non-motorized vehicle lane　07.018
*非排土桩　non-displacement pile　03.182
*非破坏试验　non-destructive test　15.060
非破损检测　non-destructive inspection　15.010
非破损试验　non-destructive test　15.060
非软化岩石　unsoftening rock　14.012
废[弃]污泥　waste sludge　11.331
废水　wastewater　11.013
废水处理厂　wastewater treatment plant　11.289
废水处置　wastewater disposal　11.167
废水复用　wastewater reuse　11.020
废水量　wastewater flow rate　11.041
废水循环　wastewater recycling　11.021
分包合同　subcontract　13.029
分包商　subcontractor　13.037
分布系数　distribution factor　02.161
分部开挖　partial excavation, part-section excavation　09.118
分岔　bifurcation　02.111
分段阀　sectioning valve　12.231
分隔带　separator　07.027
分隔设施　separate facilities　07.214
分界点　intermediate train spacing point, train spacing point　08.118
分开式扣件　separated rail fastening　08.194
*分离式立交　separate grade crossing　07.045
分离式立体交叉　separate grade crossing　07.045
分力　component force　02.011
分流　diverging　07.094
分流制　separate system　11.048
分路道岔　branch turnout　08.063
分配管　service header　11.039
分坡平段　level grade between opposite gradients　08.153

分散供热　decentralized heat-supply　12.162
分散剂　dispersant　11.238
分散性土　dispersive soil　03.037
分项系数　partial factor　04.018
*分支　bifurcation　02.111
芬克桁架　Fink truss　05.139
粉煤灰　fly ash　01.230
粉煤灰硅酸盐水泥　fly ash Portland cement　01.094
粉砂　silty sand　03.023
粉土　silt　03.025
粉质黏土　silty clay　03.028
风动支架　air leg　09.171
风洞　wind tunnel　15.079
风海流　wind-driven current　10.082
风荷载　wind load　04.033
风荷载体型系数　structural shape factor of wind load　04.036
风化物　weathered rock-soil　03.043
风积土　aeolian deposit　03.042, 14.024
风浪　wind wave　10.051
风速计　anemometer　15.098
*风腿　air leg　09.171
风汛信号　wind signal　10.184
风压高度变化系数　height variation coefficient of wind pressure　04.035
风振系数　wind pulse-vibration factor　04.037
风嘴　fairing　06.148
封闭式钢索　locked coil rope　01.177
峰顶　hump crest　08.059
峰顶平台　platform of hump crest　08.060
*峰高　hump height　08.058
峰荷热源　peak-load heat source　12.208
峰值加速度　peak acceleration　16.034
峰值强度　peak strength　03.115
峰值速度　peak velocity　16.035
峰值位移　peak displacement　16.036
扶壁　buttress　05.116
扶壁式桥台　abutment with counterfort, buttressed abutment　06.207
服务水头　service head　11.070
浮标　buoy　10.169
*浮吊　floating crane　06.242, 10.198
浮放道岔　sliding point, move switch, superimposed

crossing 09.174

浮力 buoyancy, buoyancy force 06.113

浮码头 floating pier, pontoon 10.101

*浮桥 boat bridge, pontoon bridge, bateau bridge 06.043

浮石 pumice 01.213

浮式防波堤 floating breakwater 10.121

浮式起重机 floating crane 06.242

*浮式起重机 floating crane 10.198

浮运架桥法 bridge erection by floating, erection by floating 06.226

浮珠式标准压力发生器 buoy-ball type standard pressure producer 15.031

福尔马肼[浊]度 Formazin turbidity unit 11.126

辐流沉淀池 radial-flow sedimentation tank 11.299

辅路 auxiliary road, relief road 07.010

辅助墩 auxiliary pier 06.214

辅助坑道 service tunnel 09.145

辅助炮眼 easer, relief hole, reliever 09.108

腐蚀 corrosion 11.134

腐殖质 humic substances, humics 11.141

附加荷载 superimposed load 03.128, sup-

plementary load 06.105

附加偏心距 accidental eccentricity 04.138

附着生长生物法 attached-growth biological process 11.249

附着式混凝土振动器 form concrete vibrator 13.203

复合材料 composite material 02.194

复合衬砌 composite lining, double lining 09.222

复合硅酸盐水泥 composite Portland cement 01.095

复曲线 compound curve 07.124, 08.101

副产品回收 by-product recovery 12.040

富色水 colored water 11.102

富营养化 eutrophication 11.098

富裕压力 safety pressure margin 12.285

富藻水 algae-laden water 11.101

腹板 web, web plate 04.116

腹板折曲 web crippling 04.225

腹杆 web member 05.155

腹筋 web reinforcement 04.120

覆盖层 overburden 09.053

覆盖压力 overburden pressure 03.127

G

伽辽金法 Galerkin method 02.283

改制气 reformed gas 12.033

盖板 covered plate 04.233

盖梁 bent cap 06.212

概率设计法 probabilistic design method 04.012

*干缝 dry joint 06.163

干接头 dry joint 06.163

干馏 carbonization 12.013

干馏煤气 carbonization gas, carbureted gas 12.014

干舷 freeboard 10.021

干重度 dry density 03.084

*甘特图 Gantt charts 13.060

杆件 bar, member 02.047

杆系结构 bar structure, skeleton structure 05.013

感潮河段 tidal reach, tidal river reach 10.079

干管 main pipe 11.038

干线 trunk railway, trunk line 08.072

刚度法 stiffness method 02.151

刚度矩阵 stiffness matrix 02.152

*刚构桥 rigid frame bridge 06.070

刚架 rigid frame 02.126

刚架拱桥 rigid framed arch bridge 06.067

刚架桥 rigid frame bridge 06.070

刚接节点 rigid joint 02.122

刚接梁法 rigid-connected beam method 06.121

刚塑性材料 rigid-plastic material 02.210

刚塑性模型 rigid-plastic model 03.121

刚弹性方案 rigid-elastic scheme 04.268

刚体 rigid body 02.008

刚性方案 rigid scheme 04.266

刚性基础 rigid foundation 03.166

刚性路面 rigid pavement 07.185

钢板矫平 steel planing 13.127

钢板梁桥 steel plate girder bridge 06.094

钢材边缘加工 steel edge processing 13.129

钢材除锈 steel rust removing 13.139

钢材剪切　steel cutting　13.124
钢材矫正　steel rectification　13.125
钢材卷圆　steel plate rolling　13.130
钢材弯曲　steel bending　13.126
钢材制孔　steel punching　13.128
[钢]插板　poling plate　09.194
钢管　steel pipe, steel tube　01.195
钢管混凝土　concrete filled steel tube　04.279
钢轨　rail　08.165
钢轨擦伤　wheel burn, engine burn　08.220
钢轨低接头　depressed joint　08.219
钢轨断裂　rail fracture　08.227
钢轨肥边　rail lip, spreading of the rail head　08.222
钢轨工作边　working surface of rail, gauge line　08.251
钢轨接头　rail joint　08.168
钢轨螺栓孔　rail bolt hole　08.177
钢轨磨耗检查车　rail profile measuring coach　08.234
钢轨爬行　rail creep　08.228
钢轨伤损　rail failure　08.221
钢轨伸缩调节器　rail expansion device　08.175
钢轨锁定　rail fastening down　08.206
钢轨涂油器　rail lubricator　08.252
钢桁梁桥　steel truss girder bridge　06.095
钢－混凝土组合板　steel-concrete composite slab　04.272
钢－混凝土组合梁　steel-concrete composite beam　04.273
钢架拱　steel arch　09.198
钢铰线　strand　01.174
钢结构　steel structure　04.173
钢结构加工工艺　steel structure processing technology　13.123
钢筋　steel bar, reinforcing steel bar　01.160
钢筋充分利用点　fully-developed point of bar　04.131
钢筋电渣压力焊　steel bar flux press welding　13.114
钢筋对焊　steel bar butt welding　13.113
钢筋对焊机　steel bar butt welding machine　13.217
钢筋镦头机　steel bar header　13.215

钢筋混凝土管片　reinforced concrete segment　09.220
钢筋混凝土结构　reinforced concrete structure　04.071
*钢筋混凝土砌块　reinforced concrete segment　09.220
钢筋混凝土桩　reinforced concrete pile　03.185
钢筋机械连接　steel bar mechanical connecting　13.116
钢筋冷拔机　steel bar dieing-drawing machine　13.209
钢筋冷镦　steel bar button head forging　13.118
钢筋冷拉机　steel bar cold-drawing machine　13.208
钢筋冷压连接　steel bar cold-press connecting　13.117
钢筋理论断点　theoretical cut-off point of bar　04.132
钢筋气压焊　steel bar gas-press welding　13.115
钢筋气压焊机　steel bar gas-press welding machine　13.216
钢筋切断机　steel bar shears　13.210
钢筋调直切断机　steel bar straightening and shearing machine　13.211
钢筋弯箍机　stirrup bender　13.213
钢筋弯曲机　steel bar bender　13.212
钢筋网成型机　steel net forming machine　13.214
钢筋网喷射混凝土锚杆支护　wiremesh-shotcrete-rock bolt support　09.192
钢筋网喷射混凝土支护　wiremesh-shotcrete support　09.191
钢筋约束区　confining region of reinforcement　04.154
钢模成型　steel form moulding　13.102
钢－木组合屋架　steel-timber composite roof truss　04.274
钢桥　steel bridge　06.092
钢丝绳式升降机　guide rope hoist　13.163
钢丝束　wire tendon, bundled steel wires　01.175
钢纤维　steel fiber　01.180
钢纤维喷射混凝土衬砌　steel fiber shotcrete lining　09.229
钢弦式应变计　vibrating wire strain gauge　15.095
钢渣水泥　steel slag cement　01.107

钢桩　steel pile　03.184

港池　basin, dock　10.027

港口　port, harbor　10.001

港口腹地　port hinterland　10.003

港口雷达　harbor radar　10.175

港口陆域　port land area　10.031

港口水域　port water area　10.023

港口通过能力　throughput capacity of port　10.039

港区　port area　10.022

港址　port site　10.004

杠杆原理　lever principle　06.118

高层建筑　tall building, highrise building　05.004

高承台桩基　elevated footing on piles, high capped pile foundation　06.216

高处作业吊篮　aerial work basket　13.223

高峰负荷　peak load　12.053

高峰小时交通量　peak hour volume　07.062

高厚比　ratio of height to thickness　04.269

高级处理　advanced treatment　11.322

高架桥　viaduct　06.035

高架铁路　elevated railway　08.012

高架卸货线　elevated unloading track　08.086

高空作业车　aerial work carriage　13.221

高空作业平台　aerial work platform　13.222

高跨比　depth-span ratio　04.148, 06.130

高岭石　kaolinite　03.044

高铝水泥　high alumina cement　01.098

高强[度]螺栓　high strength bolt　04.187

高强钢丝　high-strength steel wire　01.171

高强混凝土　high strength concrete　01.237

高斯积分　Gauss integration　02.307

*高斯-若尔当消去法　Gauss-Jordan elimination method　02.311

高斯消元法　Gauss elimination method　02.311

高耸结构　tall and slender structure　05.182

高速列车　high speed train　08.006

高速燃烧器　high velocity burner　12.129

高速铁路　high speed railway　08.005

高温水　high-temperature hot water　12.178

高效塑化剂　superplasticizer　01.217

高性能混凝土　high performance concrete　01.238

高压喷射注浆　high pressure jet grouting　03.206

高桩承台　high-rise pile cap　03.186

*高桩承台　elevated footing on piles, high capped pile foundation　06.216

高浊度水　ultra-turbid water　11.129

割线模量　secant modulus　02.068

搁栅　joist　05.080

格构结构　latticed structure　05.011

格构梁　latticed girder　05.091

格构式构件　latticed members　04.214

格构柱　latticed column　05.111

格网　screen　11.113

格栅　lattice　09.197, bar screen, rack　11.114

隔断层　insulating course　08.293

隔墙　partition wall　05.120

隔声屏障　acoustic barrier, noise barrier　07.220

隔水层　water insulation course, aquitard　07.203

隔温层　thermal insulation course　07.204

隔油池　oil separator　11.273

隔振　vibration isolation　16.041

隔振器　vibration isolator　16.043

各向同性　isotropy　02.052

各向异性　anisotropy　02.053

工程保险　insurance of works　13.065

工程测量　engineering surveying　14.146

工程地质测绘　engineering geological mapping　14.067

工程地质分区图　engineering geological zoning map　14.102

工程地质剖面图　engineering geological profile　14.100

工程勘察　engineering investigation and survey　14.064

工程控制网　engineering control network　14.147

工程量计算　measurement of quantities　13.054

工程量清单　bill of quantities　13.009

工程水准测量　engineering leveling　14.148

*工程项目管理　construction project management　13.001

工程岩体　engineering rock mass　14.073

*工程验收证书　taking-over certificate　13.071

工业废水　industrial wastewater　11.078

工业废渣　industrial waste　01.232

工业废渣基层　industrial waste base course, industrial waste base　07.200

工业港 industrial port 10.011
工业给水 industrial water supply 11.005
工业燃[气用]具 industrial gas appliance 12.139
工业余热 industrial waste heat 12.205
工业余热供热系统 heat-supply system based upon industrial waste heat 12.172
工字钢 I-beam steel 01.183
工字[形]梁 I-beam 05.099
*工字[形]柱 H-column 05.105
工作度 workability 01.021
工作交换容量 operating exchange capacity 11.222
工作面 working face 09.136
工作压力 working pressure 12.283
公共交通 public transport 07.091
公交[车辆]港湾式停靠站 bus bay 07.222
公交车站 bus station, bus stop 07.221
公交[专用]车道 bus lane 07.025
公开招标 competitive tendering, competitive bidding 13.006
公路桥 highway bridge 06.032
公路隧道 highway tunnel 09.002
公用给水站 public water-supply station 11.068
功 work 02.028
供暖热负荷 space heating load 12.190
供气 gas delivery, gas supply 12.050
供热 heat-supply 12.157
供热半径 heat range of heat-supply service 12.167
供热管道 heat-supply pipeline 07.266
供热管线 heat-supply pipeline 12.227
供热锅炉 heating boiler 12.210
供热介质 heating medium 12.175
供热介质参数 parameter of heating medium 12.185
供热能力 heating capacity 12.166
供热热源 heat source 12.200
供热式汽轮机 cogeneration turbine 12.214
供热系统 heat-supply system 12.168
供热系统水击 water hammer of heat-supply system 12.292
供水 water supply 12.176
供水管 water supply pipe 12.228
供水量 water output 11.071
拱 arch 02.127

拱顶 crown 05.145
拱度 rise 05.062
拱脚 springing 05.146
拱片桥 arch slice bridge 06.063
拱桥 arch bridge 06.059
拱形屋架 arch roof truss, bowstring roof truss 05.135
拱胀 blow up 07.237
拱轴系数 arch axis coefficient 06.128
拱座 abutment, arch support 05.147
共振 resonance 02.042
共振法测桩 resonance inspection for piles 15.009
构件 member 05.067
构造应力场 structural stress field, formation stress field 09.045
*构筑物 special engineering structure 05.181
箍筋 stirrup 04.121
骨架曲线 skeleton curve 16.061
*骨料 aggregate 01.200
*骨料咬合力 aggregate interlocking force 04.123
鼓风式燃烧器 air blast burner, fun-assisted burner 12.126
固定化生物体 immobilized biomass 11.260
固定桥 fixed bridge 06.041
固定支座 fixed support, fixed bearing 05.172
固端弯矩 fixed-end moment 02.160
固结比 consolidation ratio 03.098
固结度 degree of consolidation 03.097
*固结灌浆 consolidation grouting 09.282
固结试验 consolidation test 15.044
固结系数 coefficient of consolidation 03.099
固体负荷 solid loading 11.327
固体力学 solid mechanics 02.003
固有频率 natural frequency 02.037
挂孔 suspended span 06.161
挂篮 basket, traveller 06.243
关键工序 critical activity 13.061
关键路线法 critical path method, CPM 13.062
管道储气 gas line packing 12.081
管道支架 pipe trestle 12.242
管道支座 pipe support 12.241
管沟 pipe duct 12.240
管沟敷设 in-duct installation 12.237

H

哈密顿原理 Hamilton principle 02.175

海岸 coast 10.002

海岸电台 coast station 10.160

海港 sea port, sea harbor 10.005

海积土 marine soil 14.025

海流 ocean current 10.081

海水 sea water 11.088

海图 sea chart, nautical chart 10.013

海洋沉积 oceanic deposit 03.038

海洋处置 ocean disposal 11.291

含蜡量 paraffin content 01.046

含泥量 soil content 01.012

含水率 moisture capacity 01.014

含油率 bitumen rate 01.049

罕遇地震 rarely occurred earthquake 16.005

旱季流量 dry-weather flow 11.049

焊缝 weld seam, weld 04.185

焊缝着色试验 pigment test of welds 15.017

焊根 weld root 04.191

焊脚 weld leg 04.192

焊接长钢轨 welded long rail 08.205

焊接钢管 welded steel pipe, welded steel tube 01.197

焊接接头 welded joint 08.169

焊接[空心]球节点 welded spherical node, welded-hollow spherical node 05.168

焊接连接 welding connection 04.181

焊接缺陷 welding defect 13.138

焊接应力 welding stress 04.196

焊接辙叉 welded frog 08.266

焊趾 weld toe 04.190

航标 navigational aid 10.161

航道 navigation channel, channel, waterway 10.131

航道通过能力 waterway transit capacity 10.134

航空摄影 aerial photograph 09.056

*航片地质解释 geological interpretation of aerial photograph 14.099

航片地质判读 geological interpretation of aerial pho-tograph 14.099

毫秒雷管 millisecond detonator 09.094

豪氏桁架 Howe truss 05.138

耗汽量 steam consumption 12.197

耗热定额 heat consumption quota 12.196

耗热量 heat consumption 12.195

合成气 synthesis gas 12.034

合力 resultant force 02.012

合力偶 resultant couple 02.013

合流 merging 07.095

合流水量 combined-sewer flow 11.044

合流制 combined system 11.047

合龙 closure 06.227

合同价 contract price 13.025

合同条件 conditions of contract 13.012

合同文件 contract documents 13.024

河港 river port 10.006

河口港 estuary port 10.007

河流沉积 fluvial deposit 03.041

河流处置 river disposal 11.292

核心[区] core 02.088

荷载 load 04.021

荷载标准值 characteristic value of load 04.058, standard load 06.102

荷载分项系数 partial safety factor for load 04.060

荷载横向分布 transverse load distribution 06.117

荷载设计值 design value of load 04.059, design load 06.103

荷载试验 loading test 15.056

荷载组合 load combination 06.114

荷重计 load cell 15.093

赫林格－赖斯纳原理 Hellinger-Reissner principle 02.292

恒荷载 dead load 04.042

恒速过滤 constant rate filtration 11.304

恒载压力线 dead load thrust line 06.131

桁架 truss 02.130

桁架比拟法 truss analogy method 06.125

桁架拱桥 trussed arch bridge 06.065

桁架桥　truss bridge　06.053

横道图　bar charts　13.060

横洞　transverse gallery　09.151

横断面　cross section　07.134

横断面测量　cross-section surveying, cross leveling　14.162

横断面设计　cross section design　07.158

横隔　diaphragm　04.220

横隔板　diaphragm　06.153

横截面畸变　distortion of cross section　06.123

横联　cross bracing　06.187

横梁　cross beam, floor beam　06.151

横流　transverse current　10.137

横坡　cross slope　07.137

横通道　cross adit, cross gallery　09.147

横纹压力　compression perpendicular to grain　04.242

横向吊车机　cherry picker　09.175

横向通风　transversal ventilation　09.246

横向摇摆力　transverse rocking force　06.109

红[黏]土　laterite　03.032

红外线燃烧器　infrared burner　12.128

红外遥感　infrared sensing　09.057

洪积土　diluvial soil, pluvial soil　14.020

洪水位　flood water level　06.002

后方仓库　warehouse　10.033

后滤池　after-filter　11.193

后热　postheat　04.204

后张法　post-tensioning method　13.097

厚板　plank　01.149

厚钢板　heavy steel plate　01.188

候车室　waiting room　08.036

*弧焊　arc welding　13.112

胡海昌-鹫津原理　Hu-Washizu principle　02.291

胡克定律　Hooke's law　02.075

湖相沉积　lacustrine deposit　03.040

蝴蝶架　butterfly-type frame　06.240

*互通式立交　interchange　07.046

互通式立体交叉　interchange　07.046

护岸　bank revetment, bank protection, shore protection　10.116

护背间隔　guard rail face gauge　08.272

护道　berm　08.292

护轨　guard rail　08.190

护栏　guard rail　07.215

护轮带　guard belt　06.022

护轮槛　kerb, curbing　10.113

护面块体　block, armor block　10.126

护坡　slope protection　07.216

花岗岩　granite　01.069

花篮梁　ledger beam　05.103

华白[指]数　Wobbe index, Wobbe number　12.097

华伦桁架　Warren truss　05.141

滑动面　slip surface　03.141

滑开型裂纹　sliding mode of crack　02.226

*滑模　slipform　06.232

滑模　sliding form, slipform　13.088

滑坡　landslide, slide　14.038

滑升模板　slipform　06.232

化合性余氯　combined residual chlorine　11.154

化学处理法除锈　chemical rust removing　13.144

化学灌浆　chemical grouting　03.204

化学侵蚀　chemical attack　09.280

化学需氧量　chemical oxygen demand, COD　11.155

化学注浆　chemical grouting　09.286

环岛　rotary island　07.043

环境监控系统　environmental monitoring system　09.295

环路　ring road　07.012

环形交叉　roundabout, rotary intersection　07.036

*环形立交　rotary interchange　07.050

环形立体交叉　rotary interchange　07.050

环状管网　gridiron network　11.030, looping network　12.067

缓和曲线　transition curve, easement curve　07.125

缓凝剂　retarder　01.220

缓蚀　corrosion inhibition　11.318

缓蚀剂　corrosion inhibitor　11.232

换热器　heat exchanger　12.266

换算均布活载　equivalent uniform live load　06.101

换算载面　transformed section, converted section　04.099

换土垫层　cushion　03.192

换装线　interchange loading track　08.083

*荒料　rubble　01.077

黄土 loess 03.030

黄焰 yellow flame 12.112

灰浆搅拌机 mortar mixer 13.224

灰浆喷射器 mortar sprayer 13.226

灰浆输送泵 mortar conveying pump 13.225

灰土 lime soil 03.212

恢复力特性 hysteretic behavior, restoring force behavior 16.059

回灌井 recharging well 11.106

回火 back fire 12.109

回流污泥 return sludge 11.271

回水 return water 12.177

回水管 water return pipe 12.229

回弹弯沉 rebound deflection 07.173

回弹仪 resiliometer, rebound tester 15.026

回填 back-filling 09.133

回填土 backfill 14.032

回填土密实度检验 earth-fill compactness inspection 15.005

回填注浆 backfill grouting 09.283

回旋水域 turning basin 10.026

回淤强度 sedimentation intensity, sedimentation rate 10.142

回转斗成孔机 drilling bucket boring machine 13.176

汇 sink 02.258

汇流时间 time of concentration 11.053

会让站 passing station 08.025

混合 mixing 11.180

混合材 blending material 01.109

混合潮 mixed tide 10.072

混合床离子交换 mixed bed ion exchange 11.314

混合法 mixed method 02.166

混合硅酸盐水泥 mixed Portland cement 01.093

混合结构 mixed structure 05.007

混合桥面斜拉桥 cable-stayed bridge with mixed deck 06.077

混合式换热器 direct contact heat exchanger 12.268

混合式通风 combination of blowing and exhaust system of ventilation 09.239

混合液 mixed liquor 11.330

混合元 mixed element 02.302

混凝 coagulation-flocculation 11.181

*混凝剂 coagulant 11.183

混凝剂 coagulant 11.293

混凝土保护层 concrete cover 04.117

混凝土保护层测量仪 concrete cover meter 15.033

混凝土泵 concrete pump 13.198

混凝土布料杆 concrete placing boom 13.199

混凝土构件振动成型机 concrete member jolt moulding machine 13.207

混凝土搅拌船 floating concrete mixing plant 10.200

混凝土搅拌机 concrete mixer 13.194

混凝土搅拌楼 concrete batching and mixing tower 13.195

混凝土搅拌[运输]车 truck mixer 13.197

混凝土搅拌站 concrete batching and mixing plant 13.196

混凝土结构 concrete structure 04.069

混凝土空心板成型机 concrete hollow slab moulding machine 13.206

混凝土路面切缝机 concrete pavement expansion joint cutter 13.192

[混凝土]配合比设计 concrete mix design 01.020

混凝土配合料 batching 01.017

混凝土喷射机 shotcrete machine 09.183, concrete spraying machine 13.200

混凝土砌块 concrete block 01.061

混凝土砌块成型机 concrete block moulding machine 13.205

混凝土强度等级 strength grade of concrete 04.082

混凝土切割机 concrete cutting machine 13.234

混凝土摊铺机 concrete paver, concrete spreader 13.191

混凝土养护工艺 concrete curing technology 13.119

混凝土振动台 concrete vibrating table, concrete vibration stand 13.204

混凝土钻孔机 concrete drilling machine 13.235

混水连接 water-mixing direct connection 12.276

混水装置 water admixing device 12.258

活动桥 movable bridge 06.042

活荷载 live load 04.041

活塞流反应器 plug flow reactor 11.175

活性炭吸附　activated carbon adsorption　11.204

活性污泥　activated sludge　11.276

活性污泥法　activated sludge process　11.262

活性指数　activity index　03.094

活载发展均衡系数　balancing factor for increasing live load　06.137

＊火成岩　igneous rook　14.001

火山灰　volcanic ash　03.048

火山灰质硅酸盐水泥　Portland pozzolana cement　01.092

火山渣　scoria　01.214

火焰　flame　12.107

火焰传播速度　flame speed, rate of flame propagation　12.103

火焰加热法除锈　fire heating rust removing　13.143

火灾报警系统　fire alarm system　09.272

货区　freight area　08.035

货位　freight section, goods section　08.034

货物周转量　turnover of freight traffic　08.138

货运交通　freight traffic　07.090

货运站　freight station　08.021

J

击实试验　compaction test　03.072，07.245，15.049

击实仪　compaction test apparatus　07.254

机车　locomotive　09.178

机待线　locomotive waiting track　08.088

机动车道　motor carriageway　07.017

机器样板　template with machined bushings　06.245

机械除锈　mechanical rust removing　13.141

机械化盾构　mechanized shield　09.163

机械式锚杆　mechanical rock bolt　09.206

机械通风　mechanical ventilation　09.245

机械预切割法　mechanical pre-cutting method　09.123

基本风压　basic wind pressure　04.034

基本加热器　primary calorifier　12.217

＊基本结构　primary structure　02.144

基本烈度　basic intensity, zoning intensity　16.011

基本热源　base-load heat source　12.207

基本体系　primary structure　02.144

基本振型　fundamental mode of vibration　16.049

基本周期　fundamental period　16.050

基层　base course　07.191

基础工程学　foundation engineering　03.004

基础梁　foundation beam　05.089

基础埋置深度　embedded depth of foundation　06.016

基床　subgrade bed, formation　08.288

基尔霍夫假设　Kirchhoff hypothesis　02.189

基坑　foundation pit　06.217

基准［燃］气　reference gas　12.150

激光测距　laser stadia ranging, electronic distance measurement　15.023

激光定位测量　laser location surveying　15.022

激光铅垂仪　laser plummet apparatus　14.170

激光准直法　method of laser alignment　14.174

激光准直仪　laser collimator　14.173

激振　excitation　16.033

激振器　vibration generator, exciter　15.081

级　grade　01.052

级配　gradation　01.004

极惯性矩　polar moment of inertia　02.092

极限承载力　ultimate bearing capacity　03.135

极限荷载　limit load　02.217

极限扭矩　ultimate torque　04.145

极限平衡分析　limit equilibrium analysis　03.126

极限强度　ultimate strength　04.074

极限设计　limit design　02.218

极限弯矩　ultimate moment　04.109

极限应变　ultimate strain　04.091

极限状态　limit state　04.014

极限状态方程　limit state equation　04.015

极限状态设计法　limit state design method　04.011

极坐标法　polar coordinate method　14.155

集料　aggregate　01.200

集料剥落试验　stripping test for aggregate　07.251

集料级配　grading of aggregate　01.208

［集料］亲水系数　hydrophilic coefficient　01.035

集料咬合力　aggregate interlocking force　04.123

集散车道 collector-distributor lane 07.024

集水坑 sump 09.267

集水时间 inlet time 11.052

集中供热 centralized heat-supply 12.158

集中调节 centralized regulation 12.295

集中质量 lumped mass 16.053

几何不变体系 geometrically stable system 02.124

几何刚度矩阵 geometric stiffness matrix 02.308

几何可变体系 geometrically unstable system 02.123

给水处理厂 water treatment plant 11.288

给水度 specific yield 14.129

给水工程 water supply engineering 11.001

给水管道 water pipeline 07.264

给水水源 water supply source 11.146

给水隧洞 water supply tunnel 09.010

挤压闭胸盾构 closed squeezing shield, closed extruding shield 09.161

挤压混凝土衬砌 extruded concrete lining 09.228

脊骨梁桥 spine girder bridge 06.058

脊瓦 ridge tile 01.067

*计价线 pay line, tight spot 09.077

计算机辅助设计 computer aided design, CAD 02.314

计算结构力学 computational structural mechanics 02.294

计算流体力学 computational fluid mechanics 02.295

计算停车点 calculated target point 08.064

计算行车速度 design speed 07.147

*技术规范 technical specifications 13.010

技术速度 technical speed 08.144

技术条款 technical specifications 13.010

*技术要求说明 technical specifications 13.010

季节性热负荷 seasonal heating load 12.189

既有线 existing line 08.141

加臭 odorization 12.092

*加工石 block stone, boulder 01.078

加固注浆 consolidation grouting 09.282

加荷设备 loading facilities 15.075

加筋土 reinforced earth 03.159

加劲板 stiffening plate 04.238

加劲肋 stiffener 04.224

加劲梁 stiffening beam 05.094

加宽缓和段 transition zone of curve widening 07.136

加力牵引坡度 pusher grade, assisting grade 08.109

加气混凝土 aerated concrete 01.246

加气剂 gas-forming admixture 01.227

加权残值法 weighted residual method 02.280

加速车道 acceleration lane 07.022

加速度 acceleration 02.022

加速缓坡 easy gradient for acceleration 08.111

加速坡 acceleration grade 08.067

加压泵站 booster station 11.035

加腋 haunch 05.150

加腋梁 haunched beam 05.093

夹具 gripper 04.162

夹直线 intermediate straight line 08.102

家用燃[气用]具 domestic gas appliance 12.137

甲烷化 methanization, methanation 12.038

架桥机 bridge-erection crane 06.244

假载法 pseudo-load method 06.132

尖峰加热器 peak load calorifier 12.218

尖轨 switch rail, tongue rail, blade 08.274

尖轨动程 throw of switch 08.275

坚硬围岩 hard surrounding rock 09.052

间断级配 gap grading 01.007

间隔制动 spacing braking 08.069

间接费 indirect cost 13.051

间接加热 indirect heating 12.265

间接连接 indirect connection 12.275

间歇式反应器 batch reactor 11.174

兼性塘 facultative pond 11.338

监控试片 monitoring coupon 15.101

减轻地震灾害 earthquake disaster mitigation 16.022

减水 set-down, fall 10.066

减水剂 water reducing agent 01.216

减速车道 deceleration lane 07.023

减速器入口速度 entrance speed at retarder 08.065

减压阀 pressure reducing valve 12.259

减压棱体 pressure reducing fill 10.107

减振器 vibration absorber 16.042

剪刀撑 cross bracing 05.161

剪跨比　shear span ratio　04.128

剪力　shear force　02.080

剪力铰　shear hinge　06.160

*剪力流　shear flow　02.114

剪力器　shear connector　06.188

剪力墙　shear wall, structural wall　05.021

剪力图　shear diagram　02.086

剪切　shear　02.071

剪切边　sheared edge　04.198

剪切流　shear flow　02.114

剪[切]模量　shear modulus　02.066

剪切滞后　shear lag　02.072

剪压破坏　shear compression failure　04.126

剪应变　shear strain　02.063

剪应力　shear stress　02.059

剪胀性　dilatancy　03.113

检测仪器　testing instrument　15.024

检查井　manhole　11.063

检漏　leak detection　12.094

简谐振动　simple harmonic vibration　02.043

简支梁桥　simply supported girder bridge　06.049

碱度　alkalinity　11.156

碱集料反应　alkali-aggregate reaction　01.009

建筑方格网　building square grid　14.169

建筑红线　property line　13.074

建筑给水排水　building plumbing system　11.083

建筑结构　building structure　05.001

建筑石膏　plaster of Paris, calcined gypsum　01.115

建筑物放样　setting out of building　14.167

建筑物轴线放样　setting out of building axes
　14.166

建筑坐标系　building coordinate system　14.152

渐近法　method of successive approximation　02.158

渐进性破坏　progressive failure　03.142

键连接　keyed joint　04.249

降低粉尘浓度　dust suppression　09.252

降解　degradation　11.160

降水渗入系数　rainfall infiltration coefficient
　14.127

降雨历时　duration of rainfall　11.051

交叉　crossing　08.259

交叉渡线　scissors crossing, double crossover
　08.260

交叉口设计　road crossing design, intersection design
　07.175

交叉连接　cross connection　11.084

交分道岔　slip turnout, slip switch　08.258

交接站　delivery-receiving station　08.031

交通安全设施　traffic safety facilities　07.212

交通标志　traffic sign　07.098

交通岛　traffic island　07.040

交通调查　traffic survey　07.082

交通方式划分　modal split, traffic modal split
　07.080

交通管理设施　traffic management device　07.097

交通规划　traffic planning　07.076

交通监控系统　traffic surveillance and control system
　07.115

交通控制　traffic control　07.108

交通量　traffic volume　07.059

交通量调查　traffic volume survey　07.083

交通[量]分配　traffic assignment　07.081

交通量预测　traffic volume forecast, traffic volume
　prognosis　07.085

交通流　traffic flow　07.057

交通密度　traffic density　07.068

[交通]渠化　channelization　07.093

交通组成　traffic composition　07.056

交织　weaving　07.096

郊区道路　suburban road　07.005

胶合板　plywood　01.153

胶合接头　glued joint　04.252

胶结绝缘接头　glued insulated joint　08.174

胶结型锚杆　adhesive rock bolt　09.200

胶连接　adhesion connection　04.251

焦炉煤气　coke-oven gas　12.015

焦油沥青　tar　01.124

角撑　knee bracing　05.160

角度交会法　angle intersection method　14.157

角钢　angle steel　01.182

角焊缝　fillet weld　04.189

角加速度　angular acceleration　02.024

角砾　gravel　03.017

角速度　angular velocity　02.023

脚手板　scaffold board　13.239

脚手架　scaffold　13.238

铰接板法 transversely hinge-connected slab method 06.120

铰接节点 hinged joint 02.121

铰支座 hinged support 05.171

阶形柱 stepped column 05.109

接岸标 land mark 10.180

接触网支柱 catenary mast 08.209

接触问题 contact problem 02.235

接触絮凝 contact flocculation 11.294

接缝及密封材料 caulking material 01.135

接户管 service pipe 11.040

接近区段 access zone, approach section 09.255

接头夹板 joint bar, fishplate 08.171

接头夹板螺栓 fishbolt 08.173

街道 street 07.004

节点 joint, node 02.120

节点板 gusset plate 04.236

节段施工法 segmental construction method 06.221

节水 water conservation 11.008

节水器 flow reduction device 11.009

杰克逊[浊]度 Jackson turbidity unit 11.124

拮抗作用 antagonism 11.247

*结点 joint, node 02.120

结构 structure 02.117

结构安全等级 safety classes of structure 04.019

结构动力学 structural dynamics 02.168

结构面 structural plane 14.076

结构面粗糙度 structural plane roughness 14.077

结构面间距 spacing of structural planes 14.078

*结构墙 shear wall, structural wall 05.021

结构优化设计 optimum structural design, optimized design of structure 02.315

结构重要性系数 coefficient for importance of structure 04.065

结垢 scale 11.135

结合梁桥 composite girder bridge 06.054

截流管 intercepting sewer, interceptor 11.057

截留倍数 interception ratio 11.055

截面 section 02.048

截面模量 section modulus 02.095

截面有效高度 effective depth of section 04.106

界面受剪 interface shear 04.277

界限配筋梁 balanced reinforcement beam 04.102

界限偏心距 balanced eccentricity 04.139

界限[燃]气 limit gas 12.151

金属防锈预处理 metal rust proofing 13.145

金属结构 metal structure 05.006

金属铺板 metal deck 05.075

紧固件 fastener 04.232

紧坡地段 section of sufficient grade 08.108

尽端式站台 end platform 08.033

尽头线 stub-end siding 08.090

近海沉积 offshore deposit 03.039

近破波 breaking wave 10.130

近震 near earthquake 16.025

进出站线路 approach line 08.092

*进度付款 interim payment, progress payment 13.048

进度款 interim payment, progress payment 13.048

进港航道 approach channel, entrance channel 10.132

进水口 intake 11.112

浸没燃烧 submerged combustion, immersion combustion 12.122

浸渍防腐木材 creosoted timber 01.157

经济跨度 economic span, economic span-length 06.017

*经济跨径 economic span, economic span-length 06.017

经纬仪 transit, theodolite 15.037

精密定线 precise alignment 14.172

井 well 14.145

井点回灌 well-point back pumping 13.083

井点排水 well-point dewatering 13.082

井函数 well function 14.137

井架 headframe 09.148

井探 test-pitting 14.092

井字梁 grillage beam 05.081

净化 purification 12.039

净截面 net section 04.168

径流系数 runoff coefficient 11.056

径向流 radial flow 14.103

*静不定结构 statically indeterminate structure 02.119

静定结构 statically determinate structure 02.118

静力触探试验 static penetration test, static cone

test, cone penetration test, CPT 14.050

静力学 statics 02.004

静力压桩 static press piling 13.087

静力压桩试验 pile static loading test 15.006

静面积矩 static moment of area 02.090

静凝聚 static condensation 02.305

静水压线 static pressure line 12.281

静态作用 static action 04.025

静载试验 static loading test 15.002

静止土压力 earth pressure at rest 03.150

静作用压路机 static roller 13.181

就位 positioning 06.236

局部剪切破坏 local shear failure 03.138

局部受压强度 local bearing strength 04.085

局部调节 localized regulation 12.296

局部稳定性 local stability 02.110

矩形梁 rectangular beam 05.098

矩形柱 rectangular column 05.104

矩阵力法 matrix force method 02.157

矩阵位移法 matrix displacement method 02.155

拒爆 misfire 09.102

锯材 saw timber, converted timber 01.147

锯齿形屋架 saw-tooth roof truss 05.137

锯末 sawdust 01.151

聚合物混凝土 polymer concrete 01.245

卷边槽钢 lipped channel 04.177

卷边角钢 lipped angle 04.176

*决标 award of contract 13.022

绝缘接头 insulated joint 08.176

[掘进机]刀盘 cutter head 09.164

军港 military harbor, naval harbor 10.009

军用桥 military bridge 06.039

军用隧道 military tunnel 09.020

竣工 completion of works 13.032

竣工测量 final survey 14.158

*竣工决算 final settlement, final account 13.049

竣工日期 completion date 13.070

竣工图 as built drawings 13.072

竣工总平面图 general plan of as-built works 14.159

K

喀斯特 karst 14.048

卡氏定理 Castigliano's theorem 02.146

开标 tender opening 13.020

开采沉陷 mining subsidence 14.047

开放式燃[气用]具 flueless gas appliance, unvented type 12.140

开工 commencement of works 13.031

开级配 open gradation 01.005

开裂扭矩 cracking torque 04.143

开裂弯矩 cracking moment 04.107

*开启桥 movable bridge 06.042

开式热水热网 open-type hot-water heat-supply network 12.225

开挖面 excavation face 09.135

开挖面挡土板 breast board 09.215

勘探 exploration 14.081

勘探点 exploratory spot, exploratory point 14.082

*勘探井 exploration well 14.084

勘探孔 exploration hole 14.084

勘探平硐 exploration drift 09.061

勘探线 exploratory line 14.083

坎托罗维奇法 Kantorovich method 02.284

*康托洛维奇法 Kantorovich method 02.284

抗冻性 frost resistant 01.025

抗风稳定性 wind-resistant stability, aerodynamic stability 06.140

抗滑桩 anti-slide pile, counter-sliding pile 03.163

抗剪连接件 shear connector 04.275

*抗剪连接件 shear connector 06.188

抗力 resistance, drag 02.251

抗力分项系数 partial safety factor for resistance 04.061

抗硫酸盐硅酸盐水泥 sulfate resisting Portland cement 01.100

抗扭塑性截面模量 plastic torque modulus of section 04.144

抗震概念设计 conceptual seismic design 16.002

抗震墙 seismic structural wall, earthquake resistant wall 16.067

抗震设计 seismic design, aseismic design, earthquake resistant design 16.001

苛性白云石 caustic dolomite 01.118

苛性菱苦土 caustic magnesite 01.117

颗粒组成 grain composition 01.002

可变信息标志 changeable message sign 07.100

可变作用 variable action 04.023

可处理性 treatability 11.159

可动心轨辙叉 movable point frog 08.280

可动翼轨辙叉 movable wing frog 08.281

可靠概率 probability of survival 04.006

可靠性 reliability 04.001

可靠指标 reliability index 04.008

可弯式尖轨 flexible switch 08.277

可用材 utility grade wood 01.142

*克服高度 height of lifting, ascent of elevation 08.134

刻痕钢丝 corrugated wire, indented steel wire 01.173

客运交通 passenger traffic 07.089

客运站 passenger station 08.020

坑槽 pot holes 07.241

坑道自稳时间 self-stabilization time of tunnel 09.040

空腹拱桥 open spandrel arch bridge 06.062

空腹桁架 Vierendeel truss 05.143

空腹梁 open web girder, Vierendeel girder 05.092

空格桥面 grid deck 06.149

空间构架 space frame 05.043

空间桁架模型 space-truss model 04.146

空间结构 space structure, spatial structure 05.030

*空间网格结构 space frame 05.043

*空气动力稳定性 wind-resistant stability, aerodynamic stability 06.140

空气净化 air cleaning 09.251

空气温度 air temperature 09.232

空蚀 cavitation damage, cavitation erosion 02.274

空心板 hollow slab 05.072

空心板桥 hollow slab bridge 06.056

空心砖 hollow brick 01.055

孔道 duct 04.164

孔道灌浆 duct grouting 13.100

*孔道压浆 duct grouting 13.100

孔流 orifice flow 02.272

孔隙比 void ratio 03.085

孔隙率 porosity 01.001

孔隙气压力 pore air pressure 03.106

孔隙水压力 pore water pressure 03.105

孔隙压力消散 pore pressure dissipation 03.107

孔压静力触探试验 cone penetration test with pore pressure measurement 14.051

控制爆破 controlled blasting 09.097

控制点 control point 07.151

控制高程 control elevation 07.154

扣板式扣件 pinch plate rail fastening 08.192

扣件 rail fastening 08.191

枯水位 low water level, LWL 06.004

苦咸水 brackish water 11.089

库场通过能力 turnover capacity of storage space 10.038

库仑土压力理论 Coulomb's earth pressure theory 03.147

跨度 span 05.015, span-length 06.010

*跨径 span, span-length 06.010

跨孔法 cross hole method 14.097

跨线桥 overcrossing, overpass bridge 06.036

块石 block stone, boulder 01.078, 03.015

块式连接件 block-type connector 04.276

块状生石灰 lump lime 01.110

快滤池 rapid sand filter, rapid filter 11.302

快速路 expressway 07.006

快硬硅酸盐水泥 rapid hardening Portland cement 01.097

宽轨 broad gauge 08.003

宽轨枕 broad tie 08.188

宽跨比 width-span ratio 06.129

矿粉 mineral powder 01.231

矿井气 mine drainage gas, mine gas 12.010

矿山隧道 mining tunnel 09.004

矿渣硅酸盐水泥 Portland blast furnace-slag cement 01.091

框架 frame, skeleton 05.018

框架-剪力墙 frame-shear wall 05.023

框架梁 Vierendeel girder 06.079

框筒 frame-tube 05.027

框支剪力墙 frame supported shear wall 05.024

L

*扩大基础 spread foundation 03.168

扩散[式]燃烧 diffusion combustion 12.116

扩散式燃烧器 diffusion flame burner 12.124

扩展基础 spread foundation 03.168

拉拔检验 bar drawing inspection 15.011

拉模成型 pulling form moulding 13.105

拉伸 tension 02.069

*拉线塔 transmission tower, transmission line tower 05.188

*喇叭形立交 trumpet interchange 07.049

喇叭形立体交叉 trumpet interchange 07.049

*赖兹纳指数 Ryznar index 11.237

*兰格利尔指数 Langelier index 11.236

兰金应力状态 Rankine state of stress 03.148

栏杆 handrail 06.155

缆索起重机 cable crane 13.159

朗格尔梁 Langer girder 06.080

朗热利耶指数 Langelier index 11.236

浪溅区 splash zone 10.195

老化 ageing 01.039

老化试验 ageing test 15.052

雷达反射器 radar reflector 10.174

雷达检测 radar inspection 15.015

雷达物探法 radar geophysical survey 03.082

雷管 detonator, blasting cap 09.091

雷诺数 Reynolds number 02.248

肋拱桥 ribbed arch bridge 06.064

棱柱体抗压强度 prismatic compressive strength 04.078

冷拔 cold drawing 13.110

冷拔钢丝 cold drawn steel wire 01.169

冷拉 cold stretching 13.109

冷拉钢筋 cold stretched steel bar 01.170

冷却水 cooling water 11.014

冷却塔 cooling tower 05.187, 11.228

冷却温差 cooling range 11.313

冷弯效应 effect of cold work, effect of cold bending 04.227

冷弯型钢 cold-formed steel 04.175

冷轧钢筋 cold rolled steel bar 01.167

离壁衬砌 separate lining 09.227

离析 segregation 01.038

离心成型 centrifugally spinning moulding 13.108

离心混凝土 centrifugal concrete 01.250

离心力 centrifugal force 06.106

离焰 flame-lift, lifting 12.111

离子交换 ion exchange 11.214

里茨法 Ritz method 02.282

里氏震级 Richter's magnitude 16.008

里兹纳指数 Ryznar index 11.237

理论力学 theoretical mechanics 02.001

理想弹塑性材料 perfect elastoplastic material 02.209

力 force 02.006

力法 force method 02.140

力矩 moment of force 02.009

力矩迭代法 moment iteration method 02.164

力矩分配法 moment distribution method 02.159

力偶 couple 02.010

力系 system of forces 02.007

*立波 standing wave, clapotis 10.057

立方体强度 cube strength 04.077

立方体试块 test cube 01.019

*立交 grade separation 07.044

立交桥 grade separation bridge 06.037

立体交叉 grade separation 07.044

沥青 asphalt, bitumen 01.121

沥青混合料 bituminous mixture 01.128

沥青混凝土搅拌设备 asphalt mixing plant 13.189

沥青混凝土路面 bituminous concrete pavement, asphalt concrete pavement 07.188

沥青混凝土摊铺机 asphalt paver 13.190

沥青路面 bituminous pavement, asphalt pavement 07.189

沥青砂 asphalt sand 01.130

沥青砂浆 asphalt mortar 01.259

沥青石屑 asphalt chip 01.131

沥青碎石混合料 bituminous macadam mixture

01.129

*砾类土 gravelly soil 03.014

砾砂 gravelly sand 03.019

砾石土 gravelly soil 03.014

粒径 grain size 01.003

粒径分析 grain size analysis 03.064, granular
metric analysis 15.040

粒径曲线 grain size curve 03.087

连接 connection 05.148

连接板 connecting plate 04.235

连通管 interconnecting pipe 12.230

连系梁 tie beam 05.084

连续刚构桥 continuous rigid frame bridge 06.052

*连续焊接轨 continuous welded rail, CWR
08.204

连续级配 continuous grading 01.008

连续介质 continuum, continuum medium 02.181

连续梁 continuous beam 02.125

连续梁桥 continuous girder bridge 06.051

连续墙法 diaphragm wall method, slurry wall method
09.114

联方网格 lamella 05.054

联轨站 junction station 08.030

联合基础 combined footing, combined foundation
03.170

联结层 binder course 07.202

联片供热 group heating 12.159

[炼]焦炉 coke-oven 12.018

链斗式挖沟机 chain bucket trencher 13.152

链斗式挖掘机 chain bucket excavator 13.150

梁 beam 02.076

梁垫 template, bolster 04.270

梁式楼板 beam and slab floor 05.125

梁式桥 girder bridge, beam bridge 06.048

两级管网系统 two-stage system 12.063

两向网架 two-way latticed grid 05.047

亮度 luminance 07.258

亮度纵断面 luminance profile 09.254

量纲分析 dimensional analysis 15.066

量调节 variable flow control 12.298

料斗 hopper 05.193

料石 dressed stone 01.080

列车活塞作用 piston action of train 09.242

裂缝 crack 07.232

裂缝间距 crack spacing 04.153

裂缝控制 cracking control 04.150

裂缝控制等级 classes for cracking control 04.151

裂缝宽度 crack width 04.152

裂缝图 crack pattern 15.073

裂环连接 split ring connection 04.250

*裂土 stiff fissured clay 03.051

裂纹 crack 02.223

裂纹张开位移 crack opening displacement, COD
02.224

裂隙模型 model of fissuration 14.113

裂隙硬黏土 stiff fissured clay 03.051

临界荷载 critical load 02.106

临空面 free surface, free face 09.104

临时设施 temporary facilities 13.041

临时支撑 shoring 03.155

临时支护 temporary support 09.212

檩条 purlin 05.078

*菱形立交 diamond interchange 07.048

菱形立体交叉 diamond interchange 07.048

零担货场 less than car load team yard 08.052

零排污 zero blowdown 11.231

龄期 age of hardening 01.026

溜车方向 rolling direction 08.057

溜放部分 rolling down section 08.056

溜放线 group lead track 08.062

流 flow 02.252

流场 flow field 02.253

*流动 flow 02.252

流化床离子交换 fluidized bed ion exchange
11.317

流化剂 fluidizer agent 01.224

流量 flow rate, flow discharge 02.255

流量计 flowmeter 15.097

流量调节阀 flow control valve 12.300

流砂 quick sand, drift sand 14.041

流水压力 flowing water pressure 06.110

流速 flow velocity 02.256

流体 fluid 02.244

流线 stream line 02.254

硫磺胶泥 sulfur plaster 01.120

硫磺锚固 sulfur cement mortar anchorage 08.195

M

N

O

P

排架 bent 05.019

排泥管 delivery pipe line 10.145

排水泵站 drainage pumping station 07.262

排水定额 wastewater flow quota 11.074

排水工程 wastewater engineering 11.002

排水沟 drainage ditch 08.296

排水管 drainage pipe 09.268

排水管渠 sewer 11.062

排水孔 drain hole, weep hole, weeper 09.266

排水量 displacement 10.020

排水设计 drainage design 07.176

*排水系统 sewer system 11.046

排水制度 sewer system 11.046

排土桩 displacement pile 03.181

排污 blowdown 11.017

*盘条 wire rod 01.166

旁流水 side stream 11.016

旁视雷达 side-looking radar 09.058

旁压试验 pressure meter test, PMT 14.054

抛石基床 rubble base 10.108

抛石理波 grading of rock mound 10.189

抛填 dumping fill 10.187

炮眼布置 drilling pattern, hole placement 09.084

炮眼深度 borehole depth 09.085

炮眼直径 borehole diameter 09.086

泡沫混凝土 foam concrete 01.247

配箍率 stirrup ratio 04.129

配筋率 reinforcement ratio, steel ratio 04.110

配筋砌体 reinforced masonry 04.262

配气管道 gas distribution pipeline 12.070

配水管网 distribution network 11.029

*喷燃器 burner 12.123

喷射法除锈 shot rust removing 13.140

喷射混凝土 shotcrete 01.251

喷射混凝土粉尘 shotcrete dust 09.188

喷射混凝土回弹 rebound of shotcrete 09.187

喷射混凝土锚杆支护 shotcrete-rock bolt support 09.190

喷射混凝土支护 shotcrete support 09.186

喷水冒砂 sand boil 14.045

盆式支座 pot bearing 06.180

棚洞 tunnel shed, hangar tunnel 09.037

膨胀混凝土 expansive-cement concrete 01.243

膨胀剂 expansive agent 01.223

膨胀螺栓 expansion bolt 04.231

膨胀铆钉 expansion rivet 04.230

膨胀黏土 expanded clay 01.210

膨胀水泥 expansive cement 01.101

膨胀土 expansive soil, swelling soil 03.031

膨胀性岩石 expansive rock, swelling rock 14.014

膨胀压力 swelling pressure 03.109

膨胀珍珠岩 expanded perlite 01.211

膨胀蛭石 expanded vermiculite 01.212

劈拉强度 split tensile strength, split strength 04.084

劈裂试验 splitting test 07.248

劈裂注浆 fracture grouting 09.285

劈锥壳 conoid shell 05.039

疲劳 fatigue 02.231

*疲劳极限 fatigue limit 02.232

疲劳强度 fatigue strength 02.232

疲劳试验 fatigue test 15.057

*片筏基础 raft foundation 03.171

偏心距 eccentricity 02.082

偏心距增大系数 magnifying coefficient of eccentricity 04.140

偏心受压 eccentric compression 02.083

偏心受压法 eccentric compression method 06.119

*偏心压缩 eccentric compression 02.083

*漂石 boulder 03.015

拼接板 splice plate 04.239

*拼装式衬砌 prefabricated lining 09.218

频率 frequency 02.036

平板式混凝土振动器 plate concrete vibrator 13.202

平板仪 plane-table 15.039

平板载荷试验 plate-loading test 03.074, 14.056

平硐 adit 14.086

平方和的平方根法 square root of sum of squares method, SRSS 16.056

平钢板 flat steel plate 01.187

平衡 equilibrium 02.014

平衡扭转 equilibrium torsion 04.142

*平衡配筋梁 balanced reinforcement beam 04.102

平衡悬臂施工 balanced cantilever construction

06.228

平截面假定 plane cross-section assumption 02.077

平均日交通量 average daily traffic, ADT, average daily traffic volume 07.060

平均日用水量 average day consumption 11.027

平流沉淀池 horizontal flow sedimentation tank 11.298

平面交叉 at-grade intersection, grade crossing 07.033

平面结构 plane structure 05.017

平面设计 plane design 07.153

平面线形 horizontal alignment 07.120

平曲线 horizontal curve 07.121

平曲线半径 radius of horizontal curve 07.122

平曲线加宽 curve widening 07.128

平瓦 plain tile 01.065

*平行导坑 parallel adit, parallel connecting by-pass tunnel 09.146

平行渡线 parallel crossover 08.096

平行钢丝束 parallel wire strand 01.176

平行坑道 parallel adit, parallel connecting by-pass tunnel 09.146

平移壳 translational shell 05.034

评标 tender evaluation 13.021

坡道段 gradient section 09.073

坡道阻力 gradient resistance 08.146

坡度 grade, gradient, slope 08.106

坡度差 algebraic difference between adjacent gradients 08.149

坡度折减 compensation of gradient 08.147

坡段 grade section 08.107

坡积土 slope wash 14.019

坡脚 toe of side slope 08.291

坡口 groove 04.202

破坏荷载 failure load 15.071

破坏面 failure surface 03.136

破坏强度设计法 ultimate strength design method 04.010

*破坏试验 destructive test 15.059

破坏形式 failure mode 15.072

破坏准则 failure criterion 03.125

破碎波 breaker 10.058

破损试验 destructive test 15.059

铺碴 ballasting 08.246

普拉特桁架 Pratt truss 05.140

普通硅酸盐水泥 ordinary Portland cement 01.090

普通混凝土 ordinary concrete 01.236

普通砂浆 ordinary mortar 01.253

曝气 aeration 11.211

曝气池 aeration tank 11.265

曝气塘 aerated lagoon 11.339

Q

起爆 ignition, detonation, firing 09.100

起道 track lifting 08.238

起动缓坡 flat gradient for starting 08.112

起拱 camber 05.166

起迄点调查 origin-destination survey, origin-destination study 07.084

*起振器 vibration generator, exciter 15.081

起重船 floating crane 10.198

起重运输机械荷载 crane and transporter load 10.085

气浮池 flotation tank 11.189

气化 gasification 12.020

气化炉 gasifier, gas producer 12.025

气化煤气 gasification gas 12.021

气密试验 air tightness test 15.016

气密[性]试验 tightness test 12.091

气水比 air-water ratio 11.212

气体燃料 gaseous fuel 12.003

气压盾构 air pressed shield, shield with air pressure 09.160

气硬性 air hardening 01.031

弃碴 muck, spoil, waste rock 09.155

汽化压力 saturation steam pressure 12.286

汽-水冲击 steam-water shock 12.291

汽-水换热器 steam-water heat exchanger 12.269

砌块举重器 segment erector 09.165

砌块砌体 block masonry 04.261

*砌石 stone masonry 04.260

砌体结构　masonry structure　04.258

砌筑砂浆　masonry mortar　01.254

千分表　dial gauge　15.086

钎探　rod sounding　14.090

钎探检验　pin exploration　15.004

牵出线　switching lead, shunting neck　08.078

牵引定数　tonnage rating, tonnage of traction　08.135

牵引方式　mode of traction　08.129

前方仓库　transit shed　10.032

前墙　front wall, breast wall　06.204

前沿作业地带　apron　10.035

潜堤　submerged dyke　10.123

潜水施工　diver work　10.190

浅基础　shallow foundation　03.164

浅埋隧道　shallow tunnel　09.029

浅水波　shallow-water wave　10.056

欠超高　deficient superelevation　08.116

欠挖　underbreak　09.126

堑顶　top of cutting slope　08.290

戗台　berm　10.127

强度　strength　02.102

*强度包线　strength envelope　03.119

强度试验　pressure test, strength test　12.090

强风化岩石　highly weathered rock　14.009

强夯　dynamic compaction　03.197

强化阶段　strain-hardening range　02.237

强剪弱弯　strong shear capacity and weak bending capacity　16.063

强制滤速　forcing filter rate　11.307

强轴　major axis　04.206

强柱弱梁　strong column and weak beam　16.062

墙　wall　05.117

桥墩　bridge pier　06.192

桥涵标　bridge mark　10.181

桥梁建筑高度　construction height of bridge　06.020

桥门架效应　portal frame effect　06.138

桥面板　bridge deck slab　06.157

桥面标高　elevation of bridge deck　06.015

桥面横坡　transverse slope of bridge deck　06.025

桥面净空　horizontal and vertical clearance above bridge deck　06.029

桥面排水　bridge deck drainage　06.176

桥面铺装　bridge deck pavement　06.175

桥面系　bridge floor system　06.190

*桥面限界　horizontal and vertical clearance above bridge deck　06.029

桥面纵坡　deck profile grade　06.023

桥塔　tower, pylon　06.169

桥台　bridge abutment　06.198

桥头搭板　transition slab, approach slab, bridge end transition slab　06.154

桥位　bridge site, bridge location　06.001

*桥址　bridge site, bridge location　06.001

桥轴线　bridge axis　06.030

壳　shell　02.190

壳体边界效应　edge effect of shell　02.234

壳体薄膜理论　membrane theory of shell　02.192

壳体基础　shell foundation　03.173

翘曲　warping　02.113

撬落危石　scaling down loose rock　09.156

切断装置　shutoff device　12.154

切角　cutting corner　04.201

切线模量　tangent modulus　02.067

亲水性　hydrophilicity　01.034

侵蚀　aggressiveness　11.138

轻轨交通桥　rapid transit bridge　06.038

轻轨铁路　light rail　08.011

轻集料　light-weight aggregate　01.202

轻集料混凝土　lightweight aggregate concrete　01.248

轻微破坏　slight damage　16.018

轻型钢结构　lightweight steel structure　04.174

轻型桥台　light abutment　06.208

倾角　slope　02.097

倾角仪　inclinometer　15.085

清筛道床　ballast cleaning　08.240

清水池　clear-water reservoir　11.032

穹顶　dome, vault　05.036

球面支座　spherical bearing　06.184

球壳　spherical shell　05.035

区段站　district station　08.023

区间　section　08.123

区间速度　overall travel speed　07.074

区间隧道　running tunnel　09.016

区域供热　regional heating　12.160

区域供热锅炉房　regional heating plant　12.202

区域锅炉房供热系统　heat-supply system based upon heating plant　12.169

区域热力站　branch line thermal substation　12.254

曲梁　curved beam　05.086

曲率　curvature　02.098

曲率半径　radius of curvature　02.099

曲线超高　cant, curve superelevation　08.114

*曲线桥　curved bridge　06.047

曲线隧道　curved tunnel　09.033

曲线整正　curve adjusting　08.237

曲线阻力　curve resistance　08.145

屈服点　yield point　02.201

屈服强度　yield strength　04.073

屈服条件　yield condition　02.202

屈服弯矩　yield moment　04.108

屈服准则　yield criterion　02.203

屈曲　buckling　02.104

渠道　channel, canal　11.059

渠化航道　canalized channel　10.133

取水构筑物　water intake works　11.148

取水量　water withdrawal　11.072

取水塔　intake tower　11.111

取样　sampling　03.058

去离子水　demineralized water　11.132

圈梁　ring beam　05.083

全断面开挖　full section excavation, full face tunnelling　09.122

全风化岩石　completely weathered rock　14.010

全套管成孔机　full casing tube boring machine　13.178

全息照相　holograph　15.064

全预应力　full prestressing　04.155

泉　spring　14.144

泉室　spring chamber　11.110

缺陷责任期　defects liability period　13.035

确定性振动　deterministic vibration　02.171

R

燃具试验　gas appliance test　12.148

燃气　gas　12.001

燃气爆炸　gas explosion　12.098

燃气表　gas meter, flow meter　12.079

燃气产率　gas yield　12.017

燃气储存　gas storage　12.080

燃气额定压力　gas rated pressure　12.132

燃气阀　gas valve　12.073

燃气辐射管　gas fired radiant tubes　12.130

*燃气负荷　gas demand, gas load　12.049

燃气工业炉　industrial gas furnace　12.147

燃气供暖器　gas space heater　12.146

燃气管道　gas pipeline　07.265, gas line　12.068

燃气管网系统　gas distribution system, gas network　12.061

燃气锅炉　gas boiler　12.144

燃气互换性　interchangeability of gas　12.100

燃气计量　gas metering　12.078

燃气排送机　exhauster　12.048

燃气热水器　gas water heater　12.145

燃气输送干线　gas transmission line, gas main 12.058

燃气调压器　gas pressure regulator, governor　12.076

燃气需用量　gas demand, gas load　12.049

燃气压力　gas pressure　12.131

燃气压力调节　gas pressure regulation　12.075

燃气压缩机　gas compressor　12.060

燃[气用]具　gas appliance　12.136

燃气灶　hotplate, gas cooker　12.143

燃烧　combustion　12.106

燃烧器　burner　12.123

燃烧势　combustion potential　12.104

燃烧特性　combustion characteristics　12.101

扰动土样　disturbed soil sample　03.060

热泵　heat pump　12.206

热补偿　compensation of thermal expansion　12.245

热处理钢筋　heat-treated steel bar　01.163

热电厂　cogeneration power plant, heat and power plant　12.203

热电厂供热系统　heat-supply system based upon heating power cogeneration plant　12.170

瑞利－里茨法　Rayleigh-Ritz method　02.178

弱风化岩石　moderately weathered rock　14.008

弱轴　minor axis　04.207

S

塞焊缝　plug weld　04.193

三层网架　triple layer grid　05.046

三幅路　triple carriageway road　07.163

三级处理　tertiary treatment　11.321

三级管网系统　three-stage system　12.064

三角坑　twist, warp　08.215

三角形屋架　triangular roof truss　05.133

三角锥网架　triangular pyramid space grid　05.049

三开道岔　symmetrical three-throw turnout, three-way turnout　08.257

三向网架　three-way latticed grid　05.048

三轴剪切试验　triaxial shear test　03.069，15.046

三轴强度　triaxial strength　04.087

散射[浊]度　nephelometric turbidity unit　11.125

扫海　bed sweeping　10.192

杀生物剂　biocide　11.244

砂槽模型　sand box model　14.112

砂井　sand drain　03.198

砂土　sand　03.018

砂岩　sandstone　01.073

砂质粉土　sandy silt　03.026

砂桩　sand pile　03.193

山崩　avalanche　14.037

山岭隧道　mountain tunnel　09.023

山墙　gable, gable wall　05.123

山区铁路　mountain railway　08.013

闪火点　flash point　01.043

扇形支架　fan-type support　06.241

扇性面积　sectorial area　02.116

商港　commercial port　10.008

商业街　business street　07.013

商业燃[气用]具　commercial gas appliance　12.138

上承式桁架　deck truss　05.142

上承式桥　deck bridge　06.098

*上导坑　top heading　09.143

上平联　top lateral bracing　06.185

上弦　top chord, upper chord　05.153

少筋梁　low-reinforced beam　04.103

设防烈度　fortification intensity　16.012

设计车辆　design vehicle　07.144

*设计车速　design speed　07.147

设计船型　design vessel type, design vessel type and size　10.015

设计概算　preliminary estimate　13.042

设计高程　design elevation　07.155

设计基准期　design reference period　04.005

设计烈度　design intensity　16.013

设计流量　design discharge　06.007

设计流速　design velocity of flow, design current velocity　06.008

设计[使用]年限　design life　07.145

设计水位　design water level　06.006, design water stage　10.138

设计弯沉值　design deflection value　07.172

设计限值　limiting design value　04.057

设计小时交通量　design hourly volume, DHV　07.146

设计预算　detailed estimate　13.043

射钉机　nail gun, nailer　13.232

射流通风　longitudinal ventilation with jet-blower　09.249

X射线探伤仪　X-ray detector　15.035

X射线照相检验　X-ray photo detection　15.019

*伸长计　extensometer　15.088

伸缩缝　expansion joint　05.177

深层搅拌桩　deep-mixed pile　03.207

深度处理　advanced treatment　11.323

深度基准面　datum level　10.014

深基础　deep foundation　03.174

深梁　deep girder, deep beam　05.087

深埋隧道　deep tunnel　09.030

深水波　deep-water wave　10.055

甚高频测向仪　VHF direction finder, VHF-DF　10.177，15.100

渗流　porous flow, seepage flow　02.275

渗渠　infiltration gallery　11.105

石屑　chip　01.081

石油沥青　petroleum asphalt　01.123

时变化系数　hourly variation factor　11.080

时程分析法　time history analysis method　16.058

时随变形　time dependent deformation　04.094

时效硬化　age-hardening　04.075

实腹拱桥　solid arch bridge　06.061

实腹式柱　solid-webbed column　04.211

实体式码头　solid wharf　10.095

实心砖　solid brick　01.054

实验力学　experimental mechanics　15.061

实轴　solid axis　04.215

食物－微生物［量］比　food-microorganism ratio　11.263

矢高　rise　05.016

矢跨比　rise-span ratio　06.127

市郊铁路　suburban railway　08.010

*事故照明　emergency lighting　09.262

势能　potential energy　02.184

视距　sight distance　07.140

视觉航标　visual aid　10.162

试件　specimen　03.063，15.055

试验［燃］气　test gas　12.149

试验台座　testing bed, testing stand　15.078

*试样　specimen　15.055

室内燃气管道　building gas pipe, service pipe, indoor pipe　12.071

室内土工试验　laboratory soil tests　03.062

适筋梁　under-reinforced beam　04.100

适用性　serviceability　04.003

收敛计　convergence gauge　15.090

收缩　shrinkage　04.092

收缩限度　shrinkage limit　03.091

手持式变形仪　portable deflectometer　15.028

*手持式挠度仪　portable deflectometer　15.028

手工除锈　hand rust removing　13.142

手提式磁力探伤仪　portable magnetic flaw detector　15.032

受迫振动　forced vibration　02.045

受污染水　polluted water　11.095

受压区高度　depth of compressive zone　04.105

授标　award of contract　13.022

枢纽　terminal　08.026

枢纽联络线　terminal connecting line　08.081

枢纽迂回线　terminal roundabout line　08.082

梳形板　comb plate, comb joint　06.179

疏干系数　dewatering coefficient, depletion coefficient　14.131

疏浚标志　dredging mark　10.178

疏浚工程　dredging engineering　10.196

疏水器　steam trap　12.234

输电［线路］塔　transmission tower, transmission line tower　05.188

输气管道　transmission pipeline　12.069

*输气管线　gas transmission line, gas main　12.058

输气压力　distribution pressure　12.074

输送能力　traffic capacity　08.136

束筒　bundled tube　05.029

树根桩　root pile　03.210

树脂型锚杆　resin rock bolt　09.202

竖杆　vertical member　05.156

竖井　shaft, vertical shaft　14.089

竖曲线　vertical curve　07.133，08.105

竖向设计　vertical design　07.156

数值积分　numerical integration　02.306

衰减　attenuation　16.039

栓钉　stud　06.189

栓焊钢桥　welded and high strength bolted steel bridge, bolted and welded steel bridge　06.093

*双层沉淀池　Imhoff tank　11.340

双层床离子交换　stratified bed ion exchange　11.316

双层网架　double layer grid　05.045

双代号网络图　arrow diagram　13.058

双幅路　dual carriageway road　07.162

双管制蒸汽热网　two-pipe steam heat-supply network　12.222

双筋截面　doubly reinforced section　04.112

双进路　either route　08.122

双卷筒卷扬机　double drum winch, twin-drum winch　13.161

双力矩　bi-moment　02.115

双链式悬索桥　double chain suspension bridge　06.082

双坡　double way gradient　09.071

素混凝土结构 plain concrete structure 04.070

素填土 plain fill 14.029

速度 velocity 02.021

速凝剂 accelerator 01.219

＊塑限 plastic limit 03.090

塑性 plasticity 02.051

塑性铰 plastic hinge 02.214

塑性铰线 plastic hinge line 02.215

塑性流幅 plastic flow range 02.216

塑性平衡状态 state of plastic equilibrium 03.120

塑性限度 plastic limit 03.090

塑性形变理论 plastic deformation theory 02.212

塑性增量理论 incremental theory of plasticity 02.213

塑性指数 plasticity index 03.092

随机振动 random vibration 02.170

碎石 crushed stone 01.205, cobble 03.016

隧道 tunnel 09.001

隧道边墙 tunnel side wall 09.138

隧道衬砌 tunnel lining 09.216

隧道地表沉陷 ground surface subsidence over tunnel, surface settlement 09.288

隧道冻害 freezing damage in tunnel 09.279

[隧道]洞门 tunnel portal 09.065

隧道断面轮廓 tunnel contour 09.079

隧道断面收敛 tunnel cross section convergence 09.291

隧道对角变形 tunnel diagonal deformation 09.293

隧道防灾设施 disaster prevention facility of tunnel 09.270

隧道非破损探查 non-destructive investigation of tunnel 09.294

[隧道]拱顶 crown 09.140

隧道拱顶下沉 tunnel roof settlement 09.289

隧道拱圈 tunnel arch 09.137

隧道横断面 tunnel cross section, tunnel section 09.075

隧道火灾 tunnel fire hazard 09.271

隧道监控量测 tunnel monitoring measurement 09.287

隧道建筑限界 construction clearance of tunnel 09.076

隧道净断面 tunnel clearance, inside cross-section of tunnel 09.078

隧道掘进机 tunnel boring machine, TBM 09.167

隧道开挖 tunnel excavation 09.117

隧道勘测 tunnel reconnaissance 09.055

隧道埋置深度 depth of tunnel, embedment depth 09.064

隧道模 tunnel form 13.091

隧道内亮度水平 luminance level in the tunnel interior 09.253

隧道内轮廓位移 displacement of inner contour of tunnel 09.290

隧道排水设备 tunnel drainage facility 09.265

[隧道]设计开挖线 pay line, tight spot 09.077

隧道水平变形 tunnel horizontal deformation 09.292

隧道仰拱 tunnel invert 09.139

隧道纵断面 tunnel profile 09.069

隧道纵轴线 tunnel axis 09.068

损伤 damage 02.239

梭[行矿]车 shuttle car 09.180

缩短渡线 shortened crossover 08.094

缩短轨 standard shortened rail, fabricated short rail 08.166

缩缝 contraction joint 07.208

＊缩限 shrinkage limit 03.091

索鞍 cable saddle 06.170

索桁架 cable truss 05.061

索夹 cable clamp 06.171

索网 cable network 05.060

T

塌方 collapse, cave in 09.131

塔式起重机 tower crane 13.158

踏勘 walk-over survey, site reconnaissance 14.066

胎模成型 socket form moulding 13.104

台架试验 bench test 11.170

台阶 bench 09.141

台阶开挖法 bench cut method 09.119

台帽 abutment cap 06.209

椭圆抛物面壳 elliptic paraboloid shell 05.040

W

挖方 cut, excavation 07.180

挖泥船 dredger 10.197

蛙式夯实机 frog compactor 13.188

瓦 roof tile, tile 01.062

瓦斯爆炸 gas explosion 09.128

外加剂 admixture 01.215

弯沉试验 deflection test 07.247

弯管机 pipe bender 13.233

弯矩 bending moment 02.079

弯矩塑性重分布 plastic redistribution of moment 04.136

弯矩图 bending moment diagram, moment diagram 02.085

弯扭屈曲 torsional-flexural buckling 04.210

弯起钢筋 bent-up bar 04.122

弯桥 curved bridge 06.047

弯曲 bending, flexure 02.074

弯曲抗压强度 flexural compressive strength 04.080

弯曲屈曲 flexural buckling 04.208

完全二次型方根法 complete quadric combination method, CQC 16.057

完全混合反应器 complete-mix reactor 11.176

完全燃烧 complete combustion 12.113

完全预混[式]燃烧 pre-aerated combustion 12.118

万能杆件 universal member 06.238

万能试验机 universal testing machine 15.076

网格 grid module 05.052

网格法 grid method 13.078

网架 space truss, space grid 05.044

网裂 net-shaped crack 07.234

网络进度计划 construction project schedule network diagram 13.057

网壳 latticed shell, reticulated shell 05.053

网状配筋砌体 mesh-reinforced masonry 04.264

危岩 overhanging rock, hanging rock 14.035

微风化岩石 slightly weathered rock 14.007

微晶玻璃 glass ceramics, sitall 01.088

微裂缝 micro-crack 04.089

微生物控制 microbiological control 11.235

微弯板 slab with slightly curved bottom 06.168

微污染 micro-pollution 11.119

微污染物 micro-pollutant 11.120

围岩 surrounding rock 09.038

围岩稳定 surrounding rock stability 09.039

围岩自承能力 self-bearing capacity of surrounding rock 09.041

围岩自稳能力 self-stabilization capacity of surrounding rock 09.042

围堰 cofferdam 06.218

*违约罚款 liquidated damages for delay, liquidated damages 13.034

桅杆 guyed mast 05.189

桅杆[式]起重机 mast crane 13.157

维氏变位图 Williot diagram 02.138

未风化岩石 fresh rock 14.006

未预见水 unaccounted-for water 11.069

未知量 unknown 02.143

*位能 potential energy 02.184

位移 displacement 02.019

位移法 displacement method 02.149

位移元 displacement element 02.301

温度调节阀 temperature control valve 12.301

温度应力 thermal stress 02.167

温度作用 thermal action, temperature action 04.029

温石棉 serpentine asbestos 01.260

吻合索 concordant tendon 06.126

*紊流 turbulent flow 02.264

稳定 stabilization 11.242

稳定燃烧 stable combustion 12.115

稳定塘 stabilization pond 11.334

稳定土拌和机 soil stabilizer 13.193

稳定土基层 stabilized soil base course, stabilized soil base 07.195

稳定性 stability 02.109

稳态反应 steady-state response 02.174

X

先期固结土 overconsolidated soil 03.052
先期固结压力 preconsolidation pressure 03.100
先张法 pretensioning method 13.096
先质 precursor 11.140
纤维混凝土 fiber concrete 01.244
纤维增强塑料筋 fiber reinforced plastic rod 06.166
咸水 saline water 11.086
咸水入侵 saline water intrusion 11.109
现场剪切试验 in-situ shear test 14.058
现场检测方法 in-situ check and test method 15.001
现场渗透试验 field seepage test 03.077
现场十字板试验 field vane test 03.076
线材 wire rod 01.166
线路 permanent way, track 08.071
线路大修 track overhauling, track renewal 08.249
线路平面 track plan 08.098
线路中修 track intermediate repair 08.250
线路纵断面 track profile 08.104
线束 group of tracks 08.089
线形设计 alignment design 07.152
限制坡度 ruling grade, limiting grade 08.148
相错式接头 alternate joint, staggered joint 08.198
相对密度试验 relative density test 15.041
相对密实度试验 relative density tests 03.065
相对湿度 relative humidity 09.233
相对式接头 opposite joint, square joint 08.197
*相互式接头 alternate joint, staggered joint 08.198
相似理论 similarity theory 15.069
相似律 similarity law 02.247
相位 phase 02.040
箱梁桥 box girder bridge 06.057
箱形拱桥 box arch bridge 06.066
箱形基础 box foundation 03.172
箱形梁 box girder 05.102
项目管理 project management 13.038
橡胶支座 rubber bearing 06.181
消毒 disinfection 11.206
消毒剂 disinfectant 11.207
消防给水 fire supply 11.025
消防系统 fire-fighting system 09.274

消防用水量 fire demand 11.026
消化 digestion 11.279
消化池 digester 11.274
消化污泥 digested sludge 11.277
消火栓 hydrant 11.065
消能 energy dissipation 02.273
消石灰 hydrated lime 01.113
消压状态 state of decompression 04.170
硝化 nitrification 11.253
销连接 dowelled joint 04.248
销栓作用 dowel action 04.124
小半径曲线黏降 reduction of adhesion on minimal radius 08.152
小潮 neap tide 10.076
小导管预注浆 pre-grouting with micropipe 09.195
*小断面隧道 micro-tunnel 09.034
*小断面隧道掘进机 micro-tunneller 09.168
小客车[交通量]单位 passenger car unit, pcu 07.064
小区热力站 area thermal substation 12.255
小直径隧道 micro-tunnel 09.034
小直径隧道掘进机 micro-tunneller 09.168
楔缝式锚杆 slit wedge type rock bolt 09.204
楔形柱 tapered column 05.110
协调扭转 compatibility torsion 04.141
协议书表格 form of agreement 13.014
斜搭接 scarf joint 04.254
斜洞门 skew portal 09.067
斜杆 diagonal member 05.157
斜管沉淀池 tube settler 11.297
斜交桥 skewed bridge 06.046
斜井 inclined shaft 14.088
斜拉破坏 diagonal tension failure 04.125
斜拉桥 cable-stayed bridge 06.073
斜拉索结构 cable-stayed structure 05.059
斜拉-悬索组合体系桥 hybrid cable-supported bridge system 06.084
斜裂缝 diagonal crack 04.118
斜面升船机 incline ship lift 10.157
*斜坡 slope 03.140
斜坡式防波堤 sloping breakwater, mound breakwater 10.117
斜坡式码头 sloping wharf 10.094

斜索面斜拉桥 cable-stayed bridge with inclined cable plane 06.076

斜腿刚架桥 rigid frame bridge with inclined legs, slant-legged rigid frame bridge 06.072

斜纹 oblique to grain 04.243

斜压破坏 diagonal compression failure 04.127

*斜张桥 cable-stayed bridge 06.073

泄漏 breakthrough 11.203

卸载 unloading 02.220

心轨 point rail, nose rail 08.279

新奥法 New Austrian Tunnelling Method, NATM 09.110

信号控制交叉口 signalized intersection 07.111

信号周期 signal cycle 07.112

行包房 luggage and parcel house 08.037

行车速度 running speed 08.142

行道树 street trees 07.271

行驶速度 running speed 07.072

形变压力 deformation pressure 09.047

T 形刚架桥 T-shaped rigid frame bridge 06.071

*T 形交叉 T-intersection 07.035

T 形截面 tee section 04.113

T 形梁 T-beam 05.100

U 形桥台 U-abutment 06.200

形心 centroid, centroid of area 02.089

H 形柱 H-column 05.105

形状函数 shape function 02.297

型钢 section steel 01.181

H 型钢 H-section steel, wide flange steel 01.185

T 型钢 T-section steel 01.186

型钢混凝土 steel reinforced concrete 04.278

型宽 molded breadth of vessel 10.017

型深 molded depth of vessel 10.016

*胸墙 front wall, breast wall 06.204

胸墙 crown wall 10.128

虚功 virtual work 02.133

虚功互等定理 reciprocal virtual work theorem 02.139

虚功原理 principle of virtual work 02.132

虚力 virtual force 02.135

虚位移 virtual displacement 02.134

虚轴 dummy axis 04.216

需氧法 aerobic process 11.251

需氧塘 aerobic pond 11.336

徐变 creep 02.242

絮凝 flocculation 11.179

絮凝池 flocculating tank 11.296

絮凝剂 flocculant 11.184

絮体 floc 11.182

玄武岩 basalt 01.071

悬臂浇注 free cantilever casting 06.229

悬臂梁桥 cantilever girder bridge 06.050

悬臂拼装 free cantilever erection 06.230

悬带桥 suspended ribbon bridge 06.085

悬浮固体 suspended solids 11.151

悬浮生长生物法 suspended-growth biological process 11.248

悬挂结构 suspension structure 05.057

悬挂膜结构 suspended membrane structure 05.066

*悬浇 free cantilever casting 06.229

*悬拼 free cantilever erection 06.230

悬索 suspended cable 02.129

悬索结构 cable-suspended structure 05.058

悬索桥 suspension bridge 06.081

旋转壳 revolutionary shell, rotational shell 05.033

选线 route selection 07.149

选址勘察 siting investigation, siting survey 14.068

靴梁 boot-beam plate 04.221

雪荷载 snow load 04.038

循环冷却水系统 recirculating cooling water system 11.024

Y

压钩坡 coupler compressing grade 08.066

压力盒 pressure cell 15.094

压力气化煤气 pressurized gas 12.024

压力输水管 pressure aqueduct 11.036

压力调节阀 pressure control valve 12.302

压力线 pressure line 02.128

压密注浆 compaction grouting 09.284

压气式防波堤 pneumatic breakwater 10.122

*压气站 compressor station 12.059

压强 pressure 02.249

压强计 manometer 15.099

压入式通风 blowing system of ventilation 09.237

压实度 degree of compaction 07.182

压水试验 packer test 14.118

压碎值 crushing value 01.050

压缩 compression 02.070

压缩[固结]试验 compression consolidation test, compression test 03.067

压缩[机]站 compressor station 12.059

压缩试验 compression test 15.043

压缩系数 coefficient of compressibility 03.096

压型钢板 profiled steel sheet 04.178

压桩机 pile press machine 13.174

咽喉道岔 throat point 08.283

烟囱 chimney, stack 05.183

延迟爆破 delay blasting 09.101

延度 ductility 01.042

*延发雷管 delay detonator 09.093

延期 extension of time for completion 13.033

延伸长度 development length 04.133

延误 delay 07.071

延性破坏 ductile failure 04.067

严重破坏 severe damage 16.020

岩爆 rockburst 09.129

岩浆岩 magmatic rock 14.001

*岩溶 karst 14.048

岩石单轴饱和抗压强度 uniaxial saturated compressive strength of rock 14.080

岩石坚硬程度 hardness degree of rock 14.074

岩石隧道 rock tunnel 09.028

岩石应力量测 rock stress measurement 14.059

岩体基本质量 rock mass basic quality 14.079

岩体力学 rock mechanics 03.002

岩体完整程度 rock mass completeness 14.075

岩土工程分级 categorization of geotechnical project 14.072

岩土工程学 geotechnical engineering 03.003

沿岸流 littoral current, coastal current 10.083

盐度 salinity 11.128

盐水 brine 11.087

盐渍化岩石 saline rock 14.016

盐渍土 saline soil, salty soil 03.033

厌氧法 anaerobic process 11.252

厌氧塘 anaerobic pond 11.337

验算荷载 checking load 06.104

堰流 weir flow 02.271

焰切边 flame cut edge 04.199

仰坡 front slope, overlaying slope 09.054

养路工区 track maintenance section 08.231

氧垂曲线 oxygen sag curve 11.100

氧化沟 oxidation ditch 11.326

氧化塘 oxidation pond 11.335

氧摄取率 oxygen uptake rate 11.268

*氧吸收率 oxygen uptake rate 11.268

邀请招标 selective tendering, selective bidding 13.004

遥感技术 remote sensing technique 14.098

遥控混凝土喷射机 robot spray 09.184

药卷 cartridge 09.089

野外持水量 field water retaining capacity 14.133

页岩 shale 01.074

页岩沥青 shale tar 01.126

液化 liquefaction 03.143

液化等级 liquefaction category 16.072

液化石油气 liquefied petroleum gas, LPG 12.031

液化石油气储存 LPG storage 12.085

液化石油气储配站 LPG distribution station 12.088

液化石油气供应 LPG supply, distribution of LPG 12.087

液化石油气运输 LPG transportation 12.086

液化天然气 liquefied natural gas, LNG 12.005

液体静力水准仪 hydro-static levelling instrument 14.175

*液限 liquid limit 03.089

液性限度 liquid limit 03.089

液性指数 liquidity index 03.093

一级处理 primary treatment 11.319

一氧化碳变换 shift conversion of carbon monoxide 12.037

伊利石 illite 03.045

移动床离子交换 moving-bed ion exchange 11.315

移交证书 taking-over certificate 13.071

议标 negotiated tendering, negotiated bidding

13.005

异型接头 compromise joint, transition joint 08.170

异型接头夹板 compromise joint bar 08.172

异养菌总数 total heterotrophic bacteria count 11.241

易溶性岩石 strongly soluble rock 14.013

翼轨 wing rail 08.278

翼墙 wing wall 06.203

翼缘 flange 04.114

翼缘卷曲 flange curling 04.226

音响航标 sound signal 10.163

*音响信号 sound signal 10.163

引气剂 air entraining agent 01.218

引桥 approach bridge 06.019

引桥式码头 pier with approach trestle, pier with approach bridge 10.097

引射式燃烧器 injection burner 12.127

引伸计 extensometer 15.088

引水隧洞 diversion tunnel 09.012

饮用水标准 drinking water standards 11.115

饮用杂用双水系统 dual water supply systems 11.019

隐化池 Imhoff tank 11.340

应变 strain 02.060

应变动测 deformation dynamic inspection 15.007

应变计 strainometer 15.092

应变率 strain rate 02.197

应变能 strain energy 02.183

应变偏[张]量 deviatoric tensor of strain 02.196

应变强化 strain hardening 02.211

应变软化 strain softening 03.114

应变仪 strain indicator, strain gauge 15.082

应急照明 emergency lighting 09.262

应力 stress 02.056

应力放散 destressing 08.207

应力腐蚀 stress corrosion 02.233

应力恢复法 stress recovery method 14.061

应力集中 stress concentration 02.193

应力解除法 stress relief method 14.060

应力偏[张]量 deviatoric tensor of stress 02.195

应力强度因子 stress intensity factor 02.228

应力松弛 stress relaxation 02.243

影响半径 radius of influence 14.138

影响线 influence line 02.131

硬度 hardness 01.028

硬横跨 portal structure 08.210

硬化 hardening 01.023

硬木材 hardwood 01.141

*硬岩 hard rock 14.004

硬质纤维板 stiff fiber board 01.154

硬质岩石 hard rock 14.004

壅水高度 height of backwater 06.012

永久变形 permanent deformation 02.200

永久衬砌 permanent lining, secondary lining 09.224

永久作用 permanent action 04.022

涌浪 surge, swell 10.050

涌水 gushing water 09.276

用户热力站 consumer thermal substation 12.256

用气定额 gas consumption quota 12.051

用气量 gas consumption 12.052

*用气量指标 gas consumption quota 12.051

用水定额 water consumption quota 11.073

用水量 water consumption 11.006

油气化炉 oil gasifier 12.030

油-石比 bitumen-aggregate ratio 01.048

油制气 oil gas 12.027

游离性余氯 free residual chlorine 11.153

有碴轨道 ballasted track 08.182

有害气体容许浓度 allowable density of harmful gas 09.231

有机负荷 organic loading 11.329

有机[质]土 organic soil 03.034

有限差分法 finite difference method 02.278

有限条法 finite strip method 02.286

有限位移理论 finite displacement theory 06.134

有限预应力 limited prestressing 04.156

有限元法 finite element method 02.277

有效波高 significant wave height 10.064

有效孔隙率 effective porosity 14.135

有效翼缘宽度 effective width of flange 04.115

有效应力 effective stress 03.104

有压隧洞 pressurized tunnel 09.007

右转[弯]车道 right-turn lane 07.054

诱增交通量 induced traffic volume, induced traffic 07.063

Z

再生水平　regeneration level　11.223

暂定金额　provisional sums　13.046

凿岩机　drill machine　09.170

凿岩台车　drilling jumbo　09.172

早期强度　early strength　01.024

早强剂　hardening accelerator　01.221

噪声　noise　07.219

增水　set-up, anstau　10.065

增效作用　synergism　11.246

憎水性　hydrophobicity　01.036

轧制边　rolled edge　04.200

闸[门]桥　water gate bridge　06.044

炸药　explosive　09.088

＊炸药包　cartridge　09.089

窄轨　narrow gauge　08.004

窄轨小机车　dinkey　09.179

沾污　contamination　11.121

沾污物　contaminant　11.122

展线　extension of line, development of line　08.103

站场　station yard　08.028

站调楼　yard controller's tower　08.039

站坪　station site　08.027

站台　platform　08.029

站线　station track, siding, yard track　08.075

站线有效长　effective length of station track　08.120

张开型裂纹　opening mode of crack　02.225

张拉结构　tension structure, tensile structure　05.056

张拉控制应力　jacking control stress, control stress for prestressing　13.098

涨潮历时　duration of rise　10.067

胀缝　expansion joint　07.207

胀壳式锚杆　expansion type rock bolt　09.205

招标　call for tenders, call for bids, invite for tender　13.003

招标文件　tender documents, tendering documents　13.008

招投标程序　tender procedure, bid procedure　13.007

着火　ignition　12.102

着火点　fire point　01.044

沼气　biogas　11.278

照度　illuminance　07.257

罩面　overlay　07.231

遮阳棚　louver　09.264

折板　folded plate, folded slab　02.191

折点氯化　breakpoint chlorination　11.209

折算热负荷　reduced heat input　12.135

折线形屋架　segmental roof truss　05.136

辙叉　frog　08.264

辙叉角　frog angle, crossing angle　08.268

辙叉心轨尖端　actual point of frog　08.269

辙叉咽喉　throat of frog　08.265

针入度　penetration　01.040

真空混凝土　vacuum concrete　01.252

真空预压　vacuum preloading　03.200

振冲　vibroflotation　03.194

振冲器　vibrating impacter　13.180

振动　vibration　02.034

振动沉拔桩架　vibratory pile driving and extracting frame　13.173

振动沉桩　vibration piling　13.086

振动冲击夯　vibratory rammer, vibratory tamper　13.186

振动监测仪　vibration monitor　15.096

振动平板夯　vibratory plate compactor　13.185

振动台　shaking table　15.080

振动压路机　vibratory roller　13.182

振动压密　vibro-densification　03.196

振动桩锤　vibratory pile hammer　13.171

振幅　amplitude　02.038

振型　mode of vibration　02.039

＊振型叠加法　modal analysis method　16.055

振型分解法　modal analysis method　16.055

震级　earthquake magnitude　16.009

震陷　earthquake subsidence　14.044

震源　earthquake focus　16.006

震中　earthquake epicenter, epicenter　16.007

蒸汽热网　steam heat-supply network　12.220

蒸汽养护　steam curing　13.121

整车货场　car load team yard　08.051

整体道床　monolithic concrete bed, integrated ballast bed　08.157

整体剪切破坏　general shear failure　03.137

整体式衬砌　integral lining　09.217

整体稳定性　overall stability　02.112

整治水位　regulated water stage　10.139

正常固结土　normally consolidated soil　03.053

正常使用极限状态　serviceability limit state
04.017

正洞门　orthonormal portal　09.066

正交[各向]异性　orthotropy　02.054

正交异性钢桥面　orthotropic steel bridge deck
06.097

正线　main line　08.073

支撑　bracing　05.159

支承板　bearing plate　04.234

支路　branch road　07.009

支线　branch line　08.074

支柱　pillar, post　05.114

支座　support　05.170, bearing　06.178

支座摩阻力　friction of bearing　06.111

枝状管网　branching network　11.031, branched
network　12.066

直剪试验　direct shear test　03.068, 15.045

直角坐标法　rectangular coordinate method　14.154

直接费　direct cost　13.050

直接刚度法　direct stiffness method　02.156

直接过滤　direct filtration　11.200

直接加热　direct heating　12.264

直接连接　direct connection　12.274

直立式防波堤　vertical breakwater　10.118

直立式码头　vertical face wharf, quay wall　10.093

直立式炭化炉　vertical retort　12.019

直流过滤　in-line filtration　11.201

直流冷却水系统　once-through cooling water system
11.023

直流水系统　once-through water system　11.022

直埋敷设　directly buried installation　12.238

直行车道　direct-through lane　07.052

纸上定线　paper location, paper location of line
08.133

指接　finger joint　04.253

制动墩　braking pier　06.194

制动距离　stopping distance　10.025

制动力　braking force　06.108

质点　material point, mass point, particle　02.027

质控填土　engineered fill　14.033

质调节　constant flow control　12.297

质量　mass　02.025

质量管理　quality management　13.063

质量矩阵　mass matrix　02.309

滞回曲线　hysteresis loop, hysteresis curve　16.060

置换　replacement　12.095

中承式桥　half-through bridge　06.099

中等破坏　moderate damage　16.019

中继泵站　booster pump station　12.257

中间站　intermediate station　08.022

中孔　mid span, center span　06.027

*中跨　mid span, center span　06.027

中强钢丝　medium-strength steel wire　01.172

中砂　medium sand　03.021

中试　pilot studies　11.171

中试厂　pilot plant　11.172

中水　non-potable reclaimed water, intermediate water
11.010

中水装置　wastewater reclamation facilities, interme-
diate water facilities　11.018

中心岛　center island　07.042

中性轴　neutral axis　02.078

中修　intermediate maintenance　07.229

中央分隔带　central separator, central mall　06.021

终级处理　polishing　11.324

仲裁　arbitration　13.068

重点污染物　priority pollutant　11.118

重集料　heavy aggregate　01.201

重力式码头　gravity quay wall　10.098

重力式桥台　gravity type abutment　06.199

重力输水管　gravity aqueduct　11.037

重心　center of gravity　02.015

重型钢轨　heavy rail　08.167

重型轨道　heavy track　08.179

重载列车　heavy haul train　08.008

重载铁路　heavy haul railway　08.007

舟桥　boat bridge, pontoon bridge, bateau bridge
06.043

周边炮眼　trimmer, trim hole, rim hole　09.109

周期　period　02.035

轴力图　axial force diagram　02.087

轴[向]力　axial force　02.081

轴心抗拉强度　axial tensile strength　04.083

轴心抗压强度　axial compressive strength　04.081

轴压比 axial compression ratio 16.068

竹胶合板 bamboo plywood 01.159

主动土压力 active earth pressure 03.151

主干路 arterial road 07.007

主固结 primary consolidation 03.101

主惯性矩 principal moment of inertia 02.094

主孔 main span 06.026

＊主跨 main span 06.026

＊主缆 main cable 06.173

主梁 main beam, girder 05.076, main girder 06.150

主桥 main bridge 06.018

主索 main cable 06.173

主应变 principal strain 02.062

主应力 principal stress 02.058

主轴线测设 setting out of main axis 14.165

助滤剂 filtering aid 11.199

注浆 grouting 09.281

注浆型锚杆 grouted rock bolt 09.201

注水试验 pumping test, water injection test 14.117

贮液池 reservoir 05.184

驻波 standing wave, clapotis 10.057

柱 column 02.103

柱间支撑 column bracing 05.162

柱脚 column base 04.222

柱帽 capital 05.152

铸石 cast stone 01.087

铸铁管 cast iron pipe 01.194

铸铁管片 cast-iron segment 09.219

铸压成型 die casting moulding 13.106

专用线 special line, private line 08.084

砖 brick 01.053

砖砌体 brick masonry 04.259

转包 assignment of contract, assign a contract 13.023

转角 angle of rotation 02.020

＊转角 slope 02.097

转角位移方程 slope-deflection equation 02.150

＊转让 assignment of contract, assign a contract 13.023

转体施工法 construction by swing 06.224

转辙器 switch 08.262

桩基础 pile foundation 03.175

桩帽 pile cap 10.112

桩群 pile group, pile cluster 03.187

装碴机 loader 09.173

装配式衬砌 prefabricated lining 09.218

装饰水泥 decoration cement 01.103

装药作业 charging 09.153

＊装载机 loader 09.173

装载系数 coefficient of load 08.132

＊撞击 impact 02.046

锥壳 conical shell 05.038

锥形护坡 truncated cone banking 06.014

锥形锚具 conical wedge anchorage, cone anchorage 04.160

缀板 batten plate 04.219

缀材 lattice strut 04.217

缀条 lacing bar 04.218

＊赘余力 redundant force 02.142

卓越周期 predominant period 16.029

浊度 turbidity 11.123

着色剂 coloring agent 01.228

资格预审 pre-qualification 13.017

自动扶梯隧道 escalator tunnel 09.018

自动化调车场 automatic classification yard 08.049

自耗系数 decay coefficient 11.259

自来水 tap water 11.094

[自来]水厂 water works 11.163

自流井 artesian well 11.107

自锚式悬索桥 self-anchored suspension bridge 06.083

自然沉淀 plain sedimentation 11.188

＊自然拱 natural arch 09.050

自然通风 natural ventilation 09.244

自然养护 natural curing 13.120

自行式铲运机 tractor scraper 13.164

自行式平地机 wheel grader 13.166

自应力水泥 self-stressing cement 01.102

自由度 degree of freedom 02.169

＊自由面 free surface, free face 09.104

自由振动 free vibration 02.044

＊自振频率 natural frequency 02.037

＊自振特性 dynamic characteristics, dynamic property 16.052

自振周期 natural period of vibration 16.051